MARCO GUSMEROLI

Stelle di latta
Tin Stars

Latte pubblicitarie 1880-1940
Tin in advertising 1880-1940

L'ARCAEDIZIONI

La stella del mattino è la più splendente
ed è quella che ti illumina la vita.
The morning star is the brightest of all and lights up our lives.

Teophilus Cimarroa

Photographic Credits
Marco Gubian
Gisella Motta

Si ringraziano i collezionisti che, oltre all'autore, hanno concesso la riproduzione delle loro targhe:
We would like to thank the collectors who, together with the author, authorised us to publish reproductions of their plates:

Valentino Bellaio
Piero Ceriana
Giordano Dal Prato
Rosario Di Bella
Michele Gabbani
Ivano Lanzi
Antonio Niero
Marco Rota
Steno Tonelli
Antonio Travisonni
Marco Zanasi
Marco Zenaro

Chief Editor
Maurizio Vitta

Publishing Coordinator
Franca Rottola

Graphic Design
Renata Rigoni

Translation
Martyn J. Anderson

Colour-separation
LitofilmsItalia, Bergamo

Printing
Castelli Bolis Poligrafiche Spa, Bergamo
First published September 2005

Printed in Italy

ISBN 88-7838-137-3

Sommario
Contents

Introduzione
Introduction

Cosa ti ha fatto cominciare? Questa è senz'altro la domanda che più frequentemente si sente porre un collezionista. Ma subito dopo ne viene un'altra: perché proprio questa raccolta?
Il più delle volte, però, la risposta è difficile. Tutto quello che si sa è che a un certo punto della vita scatta il desiderio di raccogliere degli oggetti simili a un primo oggetto che si è trovato o acquistato. Così, un oggetto dopo l'altro, ci si trova in breve tempo con una base di partenza, e a questo punto eccoci dinanzi a un bivio: o ci si ferma, ci si "accontenta" di quello che si è trovato e si passa ad altri oggetti, oppure il bisogno di averne di nuovi oggetti simili al primo, ma sempre più antichi e più belli, prende il sopravvento, diventa compulsivo, induce a una ricerca frenetica e si è disposti a molti sacrifici per un nuovo "pezzo" da aggiungere. Il collezionismo, si sa, può arrivare a essere patologico, con una ricerca quasi maniacale. Il consiglio che modestamente posso dare è di fermarsi prima, lasciare che resti un gioco e un divertimento.
Il rischio, altrimenti, è di farsi ossessionare dalla collezione, diventando psicologicamente dipendenti da quelli che vi procurano i pezzi che non hanno nessun problema ad alzare le richieste di volta in volta: il signor Forbes, che è stato uno dei più grandi collezionisti del mondo (collezionava navi giocattolo, uova Fabergé (!), soldatini, autografi dei presidenti americani) ricorda in un libro la sua decisione di smettere quando, ormai chiamato da venditori in tutto il mondo, gli venivano fatte richieste sempre più esorbitanti e fuori da ogni logica di mercato.
La collezione può iniziare (a) per imitazione di altri collezionisti, per avere visto mostre o per avere visto cataloghi o libri dedicati a un determinato argomento; (b) per eredità, quando, proseguendo la collezione iniziata da qualcun altro, generalmente un parente, ci si appassiona e si continua nel tempo; (c) per iniziativa personale, quando si comincia per caso con un filone, ci si accorge che non esiste ancora una raccolta o una storia di quell'argomento e ci si appassiona anche per riempire una lacuna mancante.
Io faccio parte di quest'ultima categoria. Pur appartenendo a una famiglia di collezionisti (mio nonno raccoglieva francobolli e figurine Liebig, mio padre francobolli e dischi), non ho proseguito i filoni aperti da loro, ma ne ho iniziati di nuovi: dapprima imitativi (oggetti Coca Cola, modernariato), poi originali (cataloghi, vecchie fotografie), fino ad arrivare alla pubblicità, prima con le targhe smaltate e poi con quelle litografate.
In seguito, per compensare il fatto di non tornare a mani vuote dai mercatini, ho aggiunto anche scatole di latta, giocattoli, calendari dei barbieri, libri antichi per l'infanzia e oggetti pubblicitari, sino ad arrivare, ultima delle passioni, ai manifesti della sponda piemontese del Lago Maggiore, dove vivo con la mia famiglia.
Non ho mai fatto un inventario completo delle mie collezioni, ma penso, con una stima approssimativa, di superare i 5000 pezzi, pur avendo già molto ridotto il quantitativo per conservare solo le cose più belle e importanti.
Questo volume è il seguito ideale del mio primo libro, *Pubblicità smaltata in Italia*, realizzato sette anni or sono e diventato un punto di riferimento per tutti i collezionisti italiani ed europei.
Esso è nato grazie anche alla passione di tanti amici che hanno voluto aiutarmi a renderlo il più completo possibile, anche se sono assolutamente consapevole che molte targhe bellissime devono essere ancora trovate oppure sono in casa di collezionisti che non ho avuto la fortuna di conoscere, o magari appartengono a collezionisti che per una sorta di gelosia personale non hanno voluto partecipare. A un certo punto, però, bisogna fermarsi e andare in stampa. Del resto, chissà che un giorno questo primo libro non abbia un seguito, migliorato e ancora più ricco. Questo è il primo libro dedicato alla pubblicità su latta litografata, e il suo scopo è quindi quello di aprire un mondo nuovo non solo a chi adora queste vecchie targhe, ma anche a un pubblico più sofisticato, che conosce molto bene il supporto cartaceo, ma non questo. Esso è anche destinato a stupire quei collezionisti esteri che, sulla base delle loro pubblicazioni, giudicano molto spesso la produzione italiana, priva finora di supporto bibliografico, povera e non interessante. A tutti auguro buona lettura, nella speranza di avere ottenuto il risultato comunque più importante: lustrarsi gli occhi!

What made you start? That is certainly the question collectors are asked most often, followed by: so why this particular collection? And more often than not there is no easy answer. All you can say is that at some point in your life you suddenly decided to collect objects similar to some original object you had come by or acquired. And then, one object after another, you soon find you have the basis for a collection, at which point you are at a crossroads: either you stop, "settle" for what you have got and move onto other objects, or you are overwhelmed by the need to have more objects like the first one, only older and more beautiful, it turns into a real compulsion as you frenetically start searching around and are even willing to make some real concessions for a new "item" to be added to the collection. We all know that people can go to the most extreme lengths in pursuing their passion for collecting. The only advice I might modestly offer is to stop before it goes too far, keep things on a playful, entertaining level.
Otherwise the danger is that collecting might become an obsession and you will end up being psychologically dependent on the people who find the pieces for you and who will have no qualms about raising the stakes all the time: Mr. Forbes, who was one of the world's greatest collectors (he used to collect toy ships, Fabergé eggs (!), toy soldiers, and even autographs of American presidents) wrote about his decision to give up collecting in a book: pestered by salesmen from all over the world, he was being asked more and more exorbitant prices that were miles above the market value.
Collections may begin (a) to copy other collectors after seeing exhibitions or catalogues and books on a certain subject; (b) as a legacy of somebody else's collection, usually a relative's, that you take up and really get involved in; (c) on your own initiative, when you just happen to get interested in something, realise that there is no collection or history on this particular matter yet, so you take up the hobby to make up for this oversight.
I belong to this latter category. Despite belonging to a family of collectors (my grandfather used to collect stamps and Liebig cards and my dad stamps and records), I never took up their hobbies, preferring instead to start something new: initially something familiar (Coca Cola gadgets, memorabilia), then more original objects (catalogues, old photographs) until I got into advertising, first with enamelled plaques and then lithographed plaques.
Later on, so as not to return from fairs and markets empty handed, I added tins, toys, barbers' calendars, old children's books and advertising objects, eventually even collecting, as the latest of my hobbies, posters of the Piedmont side of Lake Maggiore, where I live with my family.
I have never taken full stock of my collections, but I think, at a rough estimate, I have over 5000 pieces, although I have got rid of a lot of them, only hanging onto the most beautiful and valuable things.
This book is an ideal continuation of my first book entitled, Pubblicità smaltata in Italia, *which I wrote seven years ago and is now on the shelf of any serious collector in Italy and the rest of Europe.*
I would never have been able to write this book without the devoted help of lots of friends, who have made sure it is as exhaustive as possible, although I am well aware that plenty of beautiful plaques are still waiting to be found or are hanging in the homes of collectors I have not have had the good fortune to meet yet, or may even belong to collectors who, out of some sort of personal jealousy, preferred not to get involved. But at some stage you have to call it a day and go to print. After all, who knows, may be this first book will have a better and even more comprehensive sequel.
This is the first book to be devoted to advertising on lithographed tin, and it is supposed to open up a whole new world not just to people who love these old plaques, but also to a more sophisticated public, who knows very well ads on paper but not on tin. It is also designed to astound those foreign collectors, who, according to their own publications, consider what Italy has to offer (as of yet with no real books to back it up) to be rather uninteresting and limited.
I hope everybody enjoys reading this book, and if so I will achieve my most important aim: to light up your eyes!

Storia della cromolitografia
The history of chromolithography

Come spesso accade nella storia, la scoperta della litografia si deve a un uomo che faceva tutt'altro. Johann Aloys Senefelder, nato a Praga nel 1771, era un autore di drammi teatrali di discreto insuccesso, nonostante fosse agevolato nel suo lavoro dal fatto di essere figlio di un attore e quindi introdotto nell'ambiente.

Per risolvere i suoi problemi economici, Senefelder si mise a copiare spartiti musicali: un lavoro noioso, lento e poco redditizio. Forse indotto dalla ricerca di una prestazione di copiatura più veloce, tenendo conto che la metodica dei caratteri mobili allora in auge non risolveva il problema, l'autore andò alla ricerca di qualcosa che si ispirasse ai principi tecnici delle acqueforti.

Quella metodica si basava sulla capacità dell'acido nitrico di corrodere una lastra di rame dove non si fosse ricoperto il metallo di sostanze grasse. Senefelder provò ad applicare questo metodo alla pietra di cui erano ricche le cave di Solenhofer vicino a Monaco di Baviera, dove viveva. Qui il calcare di grana finissima, compatto e resistente, aveva le caratteristiche ideali per questa procedura, poiché assorbiva facilmente l'acqua e tratteneva le sostanza grasse, che rimanevano molto aderenti e potevano essere rimosse solo con l'uso di un acido. Partendo da questi principi si poteva disegnare o riprodurre qualsiasi forma con una matita grassa. Dopo un passaggio in un bagno acido, il motivo appare infatti in rilievo sulla pietra e, applicando dell'inchiostro, si può trasportare il disegno su un foglio di carta.

A partire dal 1796 il nuovo metodo di stampa fu chiamato litografia dal greco *lithos* (pietra). La pietra veniva messa in commercio in quadrati di 5 o 10 cm di spessore nel senso della venatura lucidata in superficie con speciali processi. Per produrre una immagine colorata è indispensabile al litografo un modello o una composizione originale: il litografo ricalca su una carta trasparente (detta "lucido") l'originale da riprodurre, appoggia il lucido su una carta carbone aderente alla pietra e segue, incidendolo, il tracciato appena ricalcato. Trasportati così i contorni della figura da riprodurre sulla pietra, questi vengono ripassati con una matita grassa o con una penna metallica speciale, intinta in un inchiostro grasso. La riproduzione avviene naturalmente a immagine invertita. A questo punto interviene lo stampatore, che inumidisce la pietra con una soluzione di acido nitrico e gomma arabica sciolta in acqua. La soluzione ha lo scopo di fissare il lavoro del disegnatore determinando una azione molecolare sulla superficie della pietra, la quale è così pronta da portare al torchio. La scoperta di Senefelder si diffuse rapidamente in Europa, e il re di Baviera rese all'inventore il giusto merito nominandolo direttore della Real Tipolitografia di Monaco.

Per i tempi, il metodo era anche economico: le pietre litografiche erano resistentissime e consentivano tirature elevate. In seguito, dal bianco e nero si passò alle stampe a colori, usando una pietra diversa per ogni colore selezionato, in quanto su ogni pietra venivano disegnate solo le parti del disegno corrispondenti a un determinato colore. Sottoponendo la lastra base alla cosiddetta granitura (ottenuta usando della sabbia fine e con movimento circolare di un'altra pietra) si potevano ricavare le mezze tinte. Prima della tiratura definitiva, il litografo si assicura, per mezzo di una macchina a mano, dell'impres-

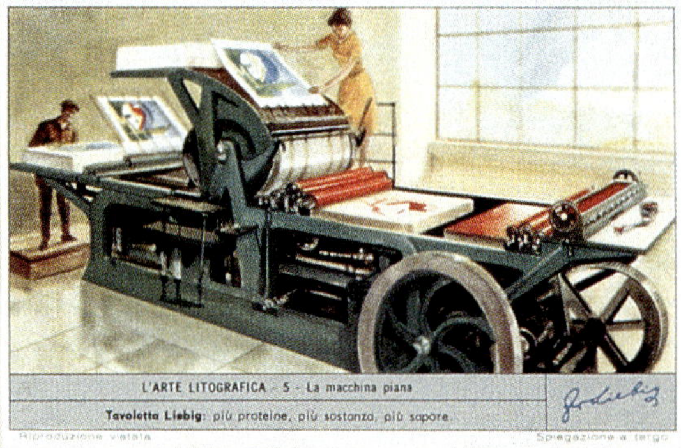

As is so often the case in history, the discovery of lithography is down to somebody who was trying to do something quite different. Johann Aloys Senefelder, born in Prague in 1771, was an un-acclaimed playwright despite the fact he was the son of an actor and hence had contacts in the business.

To sort out his financial problems, Senefelder started copying musical scores: a boring, slow and rather poorly paid job. In an attempt to copy faster, bearing in mind that the moving type method then in vogue was no help, the playwright tried to discover some new method based on the main principles of etching.

This method worked around nitric acid's property of corroding copper plates, provided the metal was not covered with any greasy substances. Senefelder tried to apply this method to the stone found in such abundance in the Solenhofer quarries near Munich, Bavaria, where he lived. Here the very fine-grained, compact and hard-wearing sandstone was perfect for this procedure, since it absorbed water easily and held in fatty substances, that were very adherent and could only be removed using an acid.

Working along these lines any form could be drawn or copied using a crayon. After being passed through an acid bath, the pattern appears to be embossed or raised from the stone and, after applying ink, the drawing can be transferred onto a sheet of paper.

In 1796 this new printing method became known as lithography from the Greek lithos *(stone). The stone was sold in blocks that were 5 or 10 centimetres thick across the veins, and its surface was polished using special processes. A lithographer needs an original composition or model to produce a coloured image: the lithographer traces the original to be copied on transparent paper (know as a "transparency"), places the transparency on carbon paper placed over the stone and then follows the outline just traced onto the stone. The outlines of the figure to be copied onto stone are then traced over with a crayon or special metal pen coloured with greasy ink.*

The copy naturally produces an inverted image. The printer then wets the stone with a solution of nitric acid and Arabic gum dissolved in water. The solution is designed to set the designer's work by creating molecular action on the surface of the stone, which is then ready to be pressed.

Senefelder's discovery soon spread across Europe, and the King of Bavaria rightly rewarded its inventor by appointing him as the head of the Royal Typolithography in Munich.

This was a cheap method even back in those days: lithographic stones were hard-wearing and could produce lots of copies.

Black and white copies were eventually replaced by coloured prints using a different stone for each chosen colour, since only the parts of a drawing corresponding to a given colour were designed on each stone. Half-colours could be obtained by granulating the base plate (carried out using fine sand thanks to the circular motion of another stone).

Before making the final run, the lithographer uses a hand-operated machine to check the gradual progression of colours from the lightest

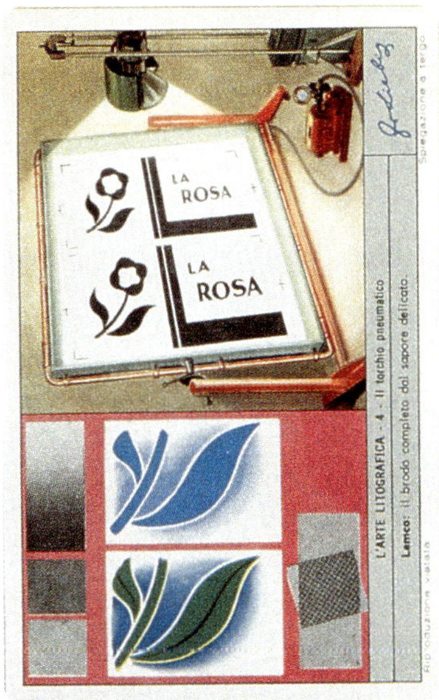

sione progressiva dei colori, dai più tenui ai più intensi. Quando le prove di stampa sono le più simili all'originale, vengono usate come modello per la tiratura definitiva. Una volta preparata la pietra per la stampa, essa viene lavata con acqua semplice e liberata da ogni residuo di inchiostro o matita. Indi si passa un rullo litografico intriso di inchiostro grasso, che aderirà al segno tracciato dal disegnatore con la matita grassa, essendo rifiutato dalla parte bagnata. A questo punto la pietra viene portata al torchio tipografico per ottenere il numero di copie previsto. L'intero processo cromolitografico a colori fu messo a punto e codificato dal francese Engelmann nel 1837. Nel 1863 in Gran Bretagna vennero applicati i primi decori su latta con un metodo di impressione diretta. Si rilevarono subito alcune problematiche: l'inchiostro poteva sbavare, rendendo inutilizzabile il foglio metallico che poteva rovinarsi con la pressione esercitata.

Nel 1868 la Huntley & Palmers, famosa ditta di biscotti inglese creò le prime scatole di latta a colori grazie a un processo di trasferimento già adottato dai fabbricanti di porcellane: il disegno era trasferito con un processo di decalcomania e fissato sul metallo quando asciutto. Il metodo era lungo e costoso.

Nel 1870 Barclay and Fry comprarono il metodo di stampa offset creato da Henry Baber che viveva a Parigi. Il metodo consiste nello stampare il disegno su una superficie intermedia per riprodurlo poi, da qui, sul foglio definitivo (di carta o metallico). Al posto della pietra viene usato lo zinco, che porta i segni da riprodurre in incisione (anziché in rilievo come nella pietra). La lastra di zinco, molto sottile, viene curvata in modo da aderire perfettamente a un cilindro e quindi impressionarlo. Il primo cilindro, a sua volta, cede l'immagine a un secondo, rivestito di caucciù, che la trasmette al substrato definitivo.

Questo metodo di stampa è chiamato anche "indiretto" per via dei numerosi passaggi che il segno deve subire per essere trasportato dallo zinco alla carta (l'immagine per effetto del doppio passaggio sullo zinco è incisa nel verso giusto e non rovesciata, come sulla pietra litografica). Ciò ha permesso agevolmente la stampa su ogni substrato, e nel 1914 si è arrivati a colorare le lastre metalliche con un'unica manipolazione.

Negli anni Trenta l'avvento della serigrafia ha permesso di ridurre l'impressione ai quattro colori fondamentali (quadricromia), con un risultato quasi comparabile a quello della litografia, ma con costi decisamente inferiori.

Ai giorni nostri questi procedimenti sono stati sostituiti dalla fotolitografia, con la quale è possibile trasferire un soggetto da un originale a una piastra di zinco fotografandolo con vari filtri colorati e proiettando il positivo su una lastra di zinco preparata chimicamente in modo da imprimere i segni da riprodurre. Una volta effettuata la stampa definitiva sulla lastra metallica che diventerà l'insegna pubblicitaria, su entrambe le facce viene stesa una vernice per dare lucentezza al prodotto, prevenire la perdita di vivacità dei colori (soprattutto il rosso) e proteggere maggiormente la latta dagli agenti esterni. A questo punto la latta litografata subisce l'ultimo e molto delicato passaggio, che è quello dello stampaggio: si predispone in precedenza uno stampo di ferro coincidente con le parti del foglio metallico, che risulteranno in rilievo nella versione definitiva, e il foglio stesso viene pressato su questo stampo fino a ottenere la forma definitiva. Tale procedimento molto delicato, e quindi costoso, verrà quasi completamente abbandonato dal 1950 in avanti, con una riduzione dei costi e dei tempi di lavorazione.

to the darkest. The print tests closest to the original are then used as a pattern for the final run. Once the stone is ready for printing, it is washed with water to get rid of any excess ink or crayon. A lithographic roller full of ink is then rubbed over and the ink adheres to the marks made by the drawer's crayon, since it is repelled by the wet part. The stone then goes to the printer's press to obtain the right number of copies.

The entire colour-chromolithographic process was developed and coded by a Frenchman, Mr. Engelmann, in 1837. The first decorations on tin were made in Great Britain in 1863 using the direct impression method. A number of problems soon arose: the ink ran making the metal sheet impossible to use, since it was bound to be damaged by the pressure exerted.

In 1868, Huntely & Palmers, a famous English biscuit-maker, created the first coloured tins thanks to a transfer method already used by china-makers: the pattern was transferred using a special process and then attached to the metal when it was dry. This was a long and expensive method.

In 1870 Barclay and Fry bought the off-set printing method invented by Herny Baber, who lived in Paris. The method involved printing the pattern on an in-between surface before copying it on the final sheet (of paper or metal). Zinc was used instead of stone, on which the marks to be copied were engraved (unlike the embossed/raised method used with stone). The zinc plate, which is extremely thin, is curved to adhere perfectly to a cylinder and leave an impression on it. The first cylinder then transfers its image onto a second cylinder coated with rubber, which then passes it on to the final underplate.

This printing method is also called "indirect" due to the various steps the pattern goes through before being transferred from the zinc to the paper (since it is passed over the zinc twice the image is engraved in the right direction and not inverted as in the case of the lithographic stone). This makes it easy to print on any underplate, and then a way of colouring the metal plates in one single step was discovered in 1914.

The advent of silk-screen printing in the 1930s allowed the impression to be reduced to the four basic colours (four-colour process), so that the results are almost comparable to lithography but much cheaper.

Nowadays, these processes have been replaced by photolithography allowing a subject to be transferred from an original to a zinc plate by photographing it using various coloured filters and projecting the positive onto a zinc plate chemically prepared to imprint the marks being copied.

Having made the final print on the metal plate which will be the advertising sign, a coat of paint is spread over both sides to make the product shiny, prevent the colours losing their brightness (particularly red), and give the tin extra protection against outside agents. At this point the lithographed tin goes through one final, delicate step called casting: an iron cast is prepared in advance that matches the parts of the metal sheet that are embossed in the final version, and the sheet is then pressed onto this die until a final cast is made. This very delicate and, hence, expensive procedure was virtually never used from 1950 onwards, so as to reduce costs and speed up the process.

La latta
Tin plate

La fabbricazione della latta ebbe inizio in Boemia fin dai primi anni del XVII secolo. La preparazione dei fogli di metallo destinati alla stagnatura veniva fatta con il maglio ad acqua, sottoponendo piccoli blocchi di ferro rovente alla martellatura, fino a ridurli a un piccolo spessore; si formava poi un pacchetto o libretto con alcuni dei fogli così ottenuti, lo si arroventava in un piccolo forno e si rinnovava la martellatura fino a ottenere lo spessore desiderato. Successivamente, mediante processi tenuti segreti, gli antichi Boemi stendevano su questi fogli lo stagno acquistato in Cornovaglia e lavoravano la latta così ottenuta nelle più svariate forme, soprattutto per uso domestico. Più tardi questi processi furono conosciuti dai Sassoni, poi dai Francesi e dagli Inglesi, e infine dagli Americani, che ne organizzarono la produzione su basi industriali. Nel 1900 in America si producevano 400.000 tonnellate di latta e in Europa più o meno lo stesso quantitativo; trent'anni dopo la produzione era salita in America a 1.900.000 tonnellate e in Europa a 1.200.000 tonnellate. Queste cifre dimostrano quanto sia stata importante la latta nella vita economica dei Paesi più progrediti all'inizio del XX secolo.

Per quanto riguarda la fabbricazione della latta in Italia mi è sembrato interessante riportare integralmente la descrizione fatta nel 1932 in un opuscolo prodotto dalla Associazione Nazionale Fascista fra gli Industriali Metallurgici Italiani, perché estremamente chiara e soprattutto riferita ai processi di fabbricazione degli anni che ci interessano dal punto di vista storico.

Le materie prime occorrenti per la fabbricazione della latta sono l'acciaio dolce e lo stagno.
La qualità di questo acciaio deve essere ottima, richiedendosi a esso duttilità e purezza di alto grado, non soltanto perché sia possibile ridurlo in lamierini sottilissimi senza strappi, ma anche perché la stagnatura possa effettuarsi senza soluzioni di continuità e con aderenza tale da resistere nelle molteplici lavorazioni che il lamierino stagnato deve subire.
L'acciaio dolce per la latta si fabbrica ottenendo grossi lingotti da quali si arriva al sottile lamierino mediante le operazioni seguenti:

- Il grosso lingotto viene suddiviso in pezzi minori facendolo passare, dopo opportuno riscaldo per un laminatoio sbozzatore detto Blooming il quale lo trasforma in una lunga barra di sezione quadra; tali barre sgrossate e ancora roventi, vengono tagliate a pezzi di determinata lunghezza, chiamati *blooms*, mediante speciali cesoie.
- I *blooms* vengono nuovamente riscaldati a calore di forgiatura e quindi laminati in barre piatte di circa 200 mm di larghezza. Anche queste barre, dopo raffreddamento, vengono tagliate in pezzi di lunghezza fissa per ogni tipo di lamierino e quindi sottoposte ad accurata cernita e, in caso di bisogno, anche a un lavoro di ripulitura inteso a togliere dalle superfici qualsiasi materia estranea o difetto di laminazione, che darebbero origine se lasciati ad altri difetti superficiali del lamierino finale, questi pezzi prendono il nome di bidoni.
- I bidoni vengono riscaldati in forni a riverbero e poi laminati nel senso della larghezza, in modo da allargarli, ottenendo una piattina, ossia una lamiera di spessore ancora relativa-

Tin production began in Bohemia back in the early-17th century. The metal sheets for tinning were prepared with a water hammer, beating tiny blocks of iron until they were almost wafer-thin; a packet or booklet was then formed out of these thin sheets, which was then heated in a small oven and hammered into the right thickness. The Ancient Bohemians then followed secret procedures to spread tin from Cornwall over these sheets, worked the resulting tin plate into various forms, mainly for household usage.
Later these processes were discovered by the Saxons and then the French and English, and finally the Americans, who started manufacturing tin on an industrial basis. 400,000 tons of tin plate were manufactured in America in 1900 and more or less the same amount in Europe; thirty years later production had to 1,900,000 tons in America and 1,200,000 tons in Europe. These figures show just how important tin plate was in the economic life of the most highly developed nations at the start of the 20th century.
As far as tin-plate manufacturing in Italy is concerned, I thought it might be interesting to copy out in full a description found in a brochure published by the National Fascist Association for the Italian Metallurgic Industries. It is extremely clear and most significantly refers to manufacturing processes in the years we are interested in from an historical point of view.

The raw material required for manufacturing tin plate are soft steel and tin. The steel must be of the highest quality, since it is expected to be highly malleable and pure, not just because it needs to be reduced to very thing sheets without tearing it, but also because the tin plating must be smooth and adherent enough to cope with all the manufacturing processes it will go through.
Soft steel for tin plating is manufactured from large blocks from which the thin sheets are obtained as follows:

- *The large block is heated up and divided into smaller bits using a blooming mill, which turns it into a long square-sectioned bar; when still red hot, these rough bars are cut into pieces of a given length called blooms using special guillotines.*
- *The blooms are then heated up again to forging temperature and rolled into flat bars about 200 mm wide. After they cool down, the bars are cut into pieces of a set length for each type of sheet and the carefully sorted out. If need be, they are also cleaned to get rid of any foreign bodies or rolling defects, which, if left, would result in further surface defects in the final sheets. These pieces are known as sheet bars.*
- *The sheet bars are then heated in reverberatory furnaces and rolled widthways so as to spread them into plates or, in other words, relatively thick sheets.*
- *The plates are then heated, rolled and doubled into packets or booklets of 4-8-10-12-16 overlapping sheets, depending on the thickness obtained.*
- *These packets are then carefully cut and squared using special guillotines.*
- *The packets are then divided up into their component sheets.*
- *The separate sheets then have the surface oxide removed in an acid bath (pickle) composed of a sulphuric acid solution heated up by a jet of vapour*
- *After being carefully washed to get rid of any trace of surface acidity, the sheets are*

mente forte.

- Le piattine con successivi riscaldi, laminazioni e doppiature, vengono trasformate in pacchetti o libretti di 4-8-10-12-16 fogli sovrapposti, a seconda dello spessore da ottenere.
- Questi pacchetti vengono tagliati e squadrati a misura con apposite cesoie.
- I pacchetti vengono quindi scomposti nei fogli che li costituiscono.
- I singoli fogli sono ripuliti dall'ossido superficiale con un bagno acido (decapaggio), costituito da una soluzione di acido solforico opportunamente riscaldata a mezzo di un getto di vapore.
- I fogli, ben lavati con acqua per togliere ogni traccia di acidità dalla loro superficie, vengono sottoposti a ricottura entro casse di ferro ermeticamente chiuse.
- I fogli ricotti vengono estratti dalle casse dopo completo raffreddamento e quindi passati uno a uno attraverso un laminatoio a freddo munito di cilindri di ghisa dura gettati in conchiglia, levigatissimi. Dopo 3 o 4 passaggi i lamierini acquistano una superficie brillante e compatta.
- I fogli, accuratamente lavati, vengono posti in vasche d'acqua per evitarne l'ossidazione e quindi portati alle macchine stagnatrici, che contengono dello stagno fuso purissimo e, mediante diverse coppie di cilindri stagnatori, vengono passati attraverso il bagno di stagno che si amalgama ai lamierini, i quali acquistano la loro finale brillantezza argentea ben nota.
- I fogli stagnati vengono accuratamente selezionati, contati e imballati nelle apposite cassette.

Come si vede, l'insieme delle operazioni necessarie per passare dalle materie prime al foglio di latta è talmente complesso che soltanto la grande industria siderurgica moderna, con la sua multiforme nonché costosissima attrezzatura utilizzata con una razionale organizzazione del lavoro, può essere in grado di fornire la banda stagnata, o latta, ai prezzi correnti del mercato odierno.

La principale caratteristica richiesta nella latta è la malleabilità e cioè la capacità di adattarsi ai cambiamenti di forma imposti dalla stampatura meccanica usualmente adoperata per fabbricare in serie gli oggetti di latta (scatolame, recipienti vari, piatti, materiale per réclame, giocattoli, etc.). Tale caratteristica dipende dalla composizione chimica dell'acciaio, dai trattamenti termici e meccanici imposti al metallo durante le lavorazioni di fabbricazione del lamierino e dalla qualità della stagnatura; è evidente che una deficienza qualsiasi in questo campo può essere causa di enorme deprezzamento del prodotto.

Altra caratteristica importantissima, soprattutto per la latta destinata alla fabbricazione delle scatole per conserve alimentari, è la perfezione della stagnatura e la purezza assoluta dello stagno impiegato. Infatti è assolutamente necessario evitare che il ferro del lamierino possa venire a contatto dei succhi degli alimenti contenuti nelle scatole provocandone l'alterazione, ed è pure indispensabile evitare che impurità dello stagno si sciolgano generando sostanze nocive alla salute dei consumatori degli alimenti conservati. Risulta chiaramente da ciò la necessità di un controllo minutissimo di tutte le operazioni di fabbricazione nonché delle materie prime impiegate.

Colori per Cromolitografia sulla latta

No. progressivo	Resistenza alla luce	Resistenza della stampa	Tavola II	Massima temperatura el forno	Resistenza alla ebullizione	Prezzo
			Inchiostro per scrittura 00	150	molto buona	
			" " " 0	150	" "	
			" " " 1	150	" "	
			" " " 3	150	" "	
459	2	1	Carminio brillante 0	100	discreta	
659	2–1	1	Rosso spettrale B	120	molto buona	
345	1	dd	Cinabro puro 02	130	" "	
33	1	ll	Lacca di Robbia B	130	variabile	
468	2–1	l	Rosso brillante 0	100	[illegible]creta	
195	3–2	dl	Rosso di Stoccarda A	130	"	
724	2	l	Rosso M 16218	180	molto buona	
646	1–2	l	Rosso di rubino 1	140	" "	
628	1–2	d	Rosso coprente [illegible]620	160	" "	
723	3–2	l	Rosso M 16217	180	" "	
662	1–(2)	ld	Violetto porporino spettrale BB	140	variabile	
528	2–3	l	Bleu azzurro 2641	138	molto buona	
665	1–2	l	Bleu spettrale R	120	variabile	
63	1	dl	Bleu milori scuro	140	discreta	
67 a	1	d	Bleu Oriente 01	120	molto buona	
666	1–2	l	Verde bleu spettrale G	140	" "	
165	2–3	ll	Verde notte 0	140	variabile	
76	1	o	Verde seta medio	130	molto buona	
85	1	dd	[illegible] cromo spf. medio	120	" "	
84	1	dd	" " chiaro	120	discreta	
672	1–2	l	Giallo spettrale G	80	"	
670	1–2	ld	Arancio spettrale G	120	"	
181	2	l	Giallo d'India 0	110	"	
112	1	dl	Terra di Siena naturale	150	molto buona	
100	1	d	Bruno Jacarand	150	" "	
673	1	dd	Bianco coprente brillante 000	120	" "	
559	1	dd	Bianco cremisi 1102	50	discreta	
346	1	dd	" " 2	50	"	

re-fired in hermetically sealed iron cases.

- *The re-fired sheets are removed from the cases after they have cooled down completely and then cold-rolled in a special machine fitted with hard cast-iron rollers into extremely smooth chills. After repeating the operation 2 or 3 times, the sheets have shiny, compact surfaces.*
- *After careful washing, the sheets are placed in water tanks to prevent oxidisation and then taken off to the tin-plating machines containing pure tin and then sent through the tin bath by pairs of tin-plating cylinders to give them their familiar final shiny silver coating.*
- *The tin-plated sheets are carefully sorted out, counted and packed in special cases.*

As can be seen, the complexity of all the operations involved in turning raw materials into tin sheets means that only the large-scale modern metallurgic industry, with all its expensive equipment used in carefully arranged manufacturing process, can supply tin-plating at competitive prices on the current market.

The main property tin plate must have is malleability, so that it can adapt to the changes in form required by the kind of mechanical rolling involved in mass-producing tin objects (cans, miscellaneous receptacles, dishes, advertising material, toys etc.). This property depends on the chemical composition of steel, thermal-mechanical treatment of the metal while manufacturing the sheets and the quality of the tin-plating; obviously any faults in these processes are bound to devalue the final product.

Another important property, particularly for manufacturing tins for foodstuffs, is the perfection of the tin-plating and absolute purity of the tin used. It is absolutely vital that the iron in the sheet metal does not come into contact with the juices from the foodstuffs contained in the tins causing alterations, and it is just as vital to prevent any impurities in the tin from melting and producing substances that might be a health risk for anybody eating the tinned food.

This clearly shows the need to carry out meticulous checks on all the manufacturing procedures and the raw materials used.

Breve storia della pubblicità
A brief history of advertising

La prima forma di pubblicità è stata senz'altro quella orale: uomini che camminano per le strade delle città e villaggi offrendo i loro servizi alla comunità. Presso gli Egizi sono noti papiri per annunci pubblici e avvisi di vario genere. Insegne nell'antica Grecia sono citate da Aristotele, mentre avvisi per circhi o scontri tra gladiatori venivano affissi sulle mura dell'antica Roma. La più comune forma di pubblicità nel mondo romano era l'uso di insegne di terracotta o pietra appoggiate su pilastri sui fianchi dei negozi. L'uso di simboli continuò per tutto il Medioevo sino al XIX secolo: con una popolazione largamente illetterata, i simboli erano la via migliore per far capire alla gente i prodotti o i servizi che potevano trovare all'interno. Così una scarpa indicava il calzolaio, l'incudine un fabbro, una testa di mucca il macellaio e così via. Nelle città più densamente popolate questo proliferare di insegne poteva creare un effetto cromatico un po' caotico, tanto che Carlo II d'Inghilterra ne proibì l'uso a bandiera, sostenendo che tutte queste insegne appese impedivano la libera circolazione dell'aria e della luce, contribuendo così ai frequenti periodici disordini che succedevano a Londra (sic!). La stampa inventata da Gutenberg nel XV secolo esce dall'ambito strettamente letterario soltanto nel Seicento, con i primi giornali: nel 1660 esce a Lipsia il primo quotidiano della storia, il cui titolo tradotto era più o meno "Notizie fresche degli affari, della guerra e del mondo". In Inghilterra in quegli anni fu fondato il "Public Advertiser", modello del successivo "General Advertiser", giornale destinato fondamentalmente alla pubblicità con un buon numero di annunci ogni numero. Nel 1770 venne fondata a Firenze "La Pandemia Fiorentina", notiziario di annunci e offerte pubblicitarie. Ma è con "La Presse" di De Girardin che nel 1836 si ha la prima commistione tra giornali d'informazione e giornali pubblicitari: per ridurre il prezzo di vendita del giornale venivano aggiunte le inserzioni pubblicitarie a pagamento. In quel tempo si trattò di un grosso scandalo, tanto che il giornalista Carrel sfidò De Girardin a un duello alla pistola nel quale trovò la morte.

Il cammino della comunicazione pubblicitaria coincise però con l'era della rivoluzione industriale. La pubblicità divenne rapidamente il mezzo per far conoscere e affermare i prodotti che sempre più velocemente venivano creati e largamente distribuiti. La concorrenza tra le varie fabbriche fece sì che si creasse presto un problema di sopravvivenza, dal momento che ad affermarsi erano le fabbriche che vendevano di più a spese delle altre; ma per vendere bisognava farsi conoscere ed è a questo punto che la comunicazione pubblicitaria diventò un'arte: si passa dal mero bisogno di farsi conoscere in ambito locale alla pubblicità finalizzata alla conquista dei mercati e all'espansione verso nuovi territori, con l'obbiettivo di dimostrare che il proprio prodotto è meglio di quello altrui. È ovvio che per far conoscere in un ambito territoriale molto ampio un determinato prodotto necessita un requisito fondamentale: la produzione in migliaia di pezzi di un substrato che contenga le informazioni pubblicitarie, quindi la possibilità di stampare migliaia di manifesti che possano portare il messaggio dovunque. La pubblicità conquisterà i muri delle città e gli occhi della gente. Il primo manifesto a colori fu prodotto, in Italia, nel 1863, dalla Litografia Rossetti per il Faust di Gounod, ma è stato Jules Cheret a fondare nel 1866 l' "Imprimerie Cheret" che rese sistematico l'uso del procedimento cromolitografico per pubblicità anche di grandi dimensioni., e che diventerà il primo grandissimo stabilimento litografico dedicato all'arte pubblicitaria.In Italia il mezzo pubblicitario si mosse grazie alle Officine Grafiche Ricordi, che nel 1899 apre, accanto alla sezione specializzata nella stampa di partiture musicali, una Sezione Creazione e Stampa Manifesti, affidandone la direzione ad Adolf Hohenstein. Di qui passarono i più grandi disegnatori dell'epoca, da Leopoldo Metlicovitz, che iniziò come riproduttore su pietra litografica, diventò disegnatore in proprio e infine ne fu nominato direttore artistico, a Marcello Dudovich, Aleardo Terzi, Aleardo Villa, Leonetto Cappiello, Franz Laskoff, Achille Luciano Mauzan.

Altre imprese affiancarono la Ricordi nella creazione, produzione e stampa dei manifesti, tra cui le Arti Grafiche di Bergamo, i fratelli Doyen di Torino, Armanino di Genova, Chiattone di Milano e Edouard Chappuis di Bologna.

Qui entrano in gioco le grandi aziende italiane litografiche su latta, che, sfruttando un supporto diverso dalla carta, hanno creato un mondo meno conosciuto e analizzato rispetto al manifesto, ma altrettanto importante. Qui ci limiteremo a tracciare la storia delle tre più importanti, anche se poi cercheremo di ricordarle tutte.

The origins of communication may be traced back to ancient times and the need to influence other people's opinions. The spoken word was almost certainly the first means of communication: people wandering around city streets and villages offering their services to the community can even be found back in the days of Ancient Greece and Rome. The Egyptians used parchments for public announcements and notices in general. Aristotle refers to signs in Ancient Greece, and the walls of Ancient Rome had posters advertising circuses or gladiator fights. The most popular form of advertising in the Roman world was the use of clay or stone signs placed on the columns around shops, whose words and symbols provided information about the shop's business. All these signs were likely to create a rather dazzling colour effect in the most densely populated cities, so much so that King Charles 2nd of England banned them from being used as ensigns, claiming that all these signs hanging up prevented light and air from circulating properly and thereby contributing to the frequent disorders in London (sic!). The printing press invented by Guttenberg back in the 15th century was only used for purposes other than printing literature from the 17th century, when the first newspapers were published: the first daily paper in history was published in Leipzig in 1660, whose name was roughly "Fresh news about business, war and the world". The "Public Advertiser" was founded in England back in those days, a blueprint for the later "General Advertiser", a paper mainly serving advertising purposes with a number of adverts and announcements in every issue. "La Pandemia Fiorentina" was set up in Florence in 1770, a newspaper publishing advertising offers and notices. But it was really only through the publication of De Girardin's "La Presse" in 1836 that we had a first real blend of information and advertising papers to keep the price down. Back then this was a real scandal, so much so that the journalist Carrel challenged De Girardin to a dual with pistols, in which he was killed. The emergence of advertising actually coincided with the advent of the industrial revolution. Advertising soon became the means of publicising and informing people about the products that were then being created and widely distributed at breakneck pace. Competition between factories soon resulted in their being a problem of survival, since the factories which sold most gained the upper hand over the rest; but to sell you need to make a name for yourself and that is where the art of advertising comes in with its carefully coded rules for reaching potential customers more and more effectively and then, most significantly, for getting them to buy. And this is where the great leap forward lies: moving on from just needing to gain a reputation locally to an advertising policy aimed at breaking onto new markets and spreading to new areas in an attempt to show that your product is better than anybody else's. Obviously publicising a given product over a wide area calls for the mass-production of thousands of items of something containing the advertising information, so that thousands of posters can be printed to spread the message everywhere.The development of chromolithography with its new colour effects marked the start of advertising's first heyday, as it began to appear all over city walls, right before everybody's eyes. The Rossetti Print Works produced Italy's first colour advertisement for Gounod's Faust in 1863, but it was Jules Cheret who set up the "Imprimerie Cheret" in 1866, which made systematic use of the chromolithographic process even for large-size advertising, and which became the first major lithographic works devoted to the art of advertising. Advertising got going in Italy thanks to the Ricordi Graphic Works, which, alongside a specialist department for printing musical scores, also opened a Creative and Poster Printing Department in 1899 run by Adolf Hohenstein. The works employed some of the greatest drawers of the day, such as Leopoldo Metlicovitz, who started off etching on lithographic stone before becoming a freelance drawer and eventually the art director, Marcello Dudovich, Aleardo Terzi, Aleardo Villa, Leonetto Cappiello, Franz Laskoff, and Achille Luciano Mauzan. Other firms starting working alongside Ricordi in creating, making and printing posters, including Arti Grafiche from Bergamo, the Doyen brothers from Torino, Armanino from Genoa, Chiattone from Milan, and Edouard Chappuis from Bologna. This is when Italy's leading tin lithographers came to the fore, using something other than paper to create a less familiar and less carefully studied world than poster printing, but no less important. Here we will only be tracing the background of three of the most important of them, although we will try and mention

La De Andreis di Genova Sampierdarena

De Andreis from Genoa Sampierdarena

Con la Ranci di Milano e la Matossi di Torino è forse la più antica fabbrica di latte cromolitografate in Italia. Fondata a Sampierdarena da Gottardo De Andreis nel 1892, si distinse subito per l'altissima qualità dei suoi lavori, che le fecero avere commissioni dall'Italia e dall'estero.
Nel 1896 era presente con un suo spazio alle Esposizioni Riunite di Milano, nella sezione réclames, in cui oltre alle targhe litografate esponeva numerosi e vari oggetti in latta litografata (vassoi, rendiresto, gadget vari). Dopo la morte del fondatore Gottardo, gli eredi decisero nel 1917 la fusione con la ditta Casanova che aveva sempre sede in Sampierdarena. Con un capitale sociale di 1500 azioni, pari a un valore di un milione cinquecento mila lire ripartite tra i cinque soci, la nuova società mantenne la denominazione precedente e Attilio Casanova fu nominato amministratore delegato.
Tra i soci ricordiamo anche Italo, Menotti e Giacomo, figli di Gottardo e Riccardo Homberger che apportò nuovi capitali alla società.
La sede era all'angolo tra via Marini 5 e Vico Grattoni a Sampierdarena, e lì rimase nel tempo. Nell'atto di fondazione della società leggiamo che essa aveva per oggetto "la cromolitografia su metalli, fabbricazione di cartelli, réclames, placche, vassoi e articoli affini come utensili in ferro, bidoni, fusti di ferro, etc. esclusa la fabbricazione di scatole di latta per conserve alimentari e scatole di latta".
Giacomo De Andreis si occupò della fondazione di una succursale a Barcellona e nel 1924 ne venne aperta una anche a Marsiglia. Esse ebbero un grande successo, e in particolare quella francese permise la sopravvivenza della società nel secondo dopoguerra, quando il mondo della cartellonistica pubblicitaria su latta era ormai in crisi. La società è da considerarsi la più importante produttrice di materiale pubblicitario su latta, insieme alla Metalgraf, ma, a differenza di questa, non si cimentò mai né nella produzione di giocattoli (fa eccezione una rarissima scatola automobilina giocattolo) né nella produzione di scatole.
Del 1979 è l'ultimo esercizio commerciale, dopo il quale venne decretata la chiusura dell'azienda. Come è accaduto per la Metalgraf, nulla dell'archivio è stato conservato, sicché, come spesso è avvenuto, tutta la sua memoria storica è andata sostanzialmente perduta.

Together with Ranci from Milan and Matossi from Turin, this is perhaps the oldest chromolithographed tin-plate manufacturer in Italy. Set up in Sampierdarena by Gottardo De Andreis in 1892, it soon made an impact for the high quality of its work, which helped it win contracts in Italy and abroad.
It has its own display space in the réclames section of the Esposizioni Riunite in Milan in 1896, exhibiting plenty of different objects made of lithographed tin (trays, change machines and other miscellaneous gadgets), as well as its lithographed plaques. After Mr. Gottardo, who founded the company, died, his heirs decided to merge with the Casanova firm in 1917, which had always been based on Sampierdarena. With corporate capital of 1500 stocks, equal in value to one million five-hundred thousand lira shared between the five partners, the new firm kept its leading position and Attilio Casanova was appointed as managing director.
The other partners were Italo, Menotti and Giacomo, Gottardo's sons, and Riccardo Homberger who injected fresh capital into the company.
The head offices were on the corner of 5 Via Marini and Vico Grattoni in Sampierdarena, and they did not move for a long time.
The deed for founding the company refers to the corporate purpose as being "chromolithography on metals, the manufacturing of posters, réclames, plaques, trays and similar articles, such as iron tools, bins, iron drums etc., not including the manufacturing of tins for food preserves and other tin receptacles". Giacomo De Andreis set up a branch in Barcelona and then opened another in Marseilles in 1924. They were a huge success, particularly the French branch which helped the firm survive through the post-2nd World War slump in the commercial advertising industry using tin.
The firm is considered the leading manufacturer of tin advertising material, along with Metalgraf, although, unlike the latter, it never manufactured toys (except the odd toy car tin) or tins. The firm officially closed down after it is last business folded in 1979. As in the case of Metalgraf, there is nothing left of the archives, so not for the first time the entire history of a firm has basically been lost.

1

2

3

4

5

1. DE ANDREIS - 1890
35x54 (D)
La donna, in uno splendido ambiente Liberty, guarda il catalogo De Andreis con dei fogli distrattamente gettati a terra
A woman in a magnificent Liberty setting glances at the De Andreis catalogue with some pages scattered carelessly across the floor.

2. DE ANDREIS - 1900
35x54 (D)
"Mantieni il segreto" sembra dire l'ufficiale alla cartomante.
Un altro splendido esempio di ambientazione Liberty, ricca di particolari e passaggi di colore, perfetto modello per pubblicizzare la produzione della ditta
"Keep the secret" the officer seems to be saying to the fortune-teller. Another wonderful example of a Liberty setting, full of details and colours, a perfect specimen for advertising the firm's products.

3. 4. BIGLIETTO DA VISITA DE ANDREIS
DE ANDREIS BUSINESS CARD

5. DE ANDREIS - 1900
20X7 (B)
L'immagine nello stile Art Nouveau di Mucha è tipica del cambio di secolo.
This image in Mucha's Art Nouveau style is typical of the turn-of-the-century period.

La Metalgraf di Milano
Metalgraf in Milan

La Unione Arti Grafiche sui Metalli, denominata Metalgraf, fu costituita il lunedì 6 agosto 1906 a Milano e nacque dall'idea di unire sinergicamente gli sforzi di tante piccole ditte in modo da creare una società unica con vari stabilimenti a Milano, Lecco, Torino.
Tra i fondatori ricordiamo il conte Giuseppe Ranci Ortigosa di Milano, i fratelli Biffi di Lecco, Pietro De Paolini e Andrea Matossi di Torino, e Giuseppe Pastore di Genova Sampierdarena, tutti proprietari di ditte che eseguivano cromolitografie sui metalli.
Obiettivi della ditta, così come riportato all'art. 2 dello statuto, erano "la cromolitografia e ogni lavorazione grafica e artistica della latta, dei metalli e di altre materie; la fabbricazione di cartelli e oggetti di réclame, scatole, etc.".
La società aveva sede a Milano in via Vincenzo Monti 25 e il capitale sociale era di 3.000.000 di lire, rappresentato da 30.000 azioni da 100 lire cadauna. Primo presidente fu nominato Pietro De Paolini. Nel 1923 una comunicazione alla Camera di Commercio di Milano precisava che la società avviava nei suoi stabilimenti di Milano Bovisa, Milano Gamboloita, Milano Lambrate, Lecco, Torino Sampierdarena e Sala Baganza (Parma) la produzione di "giocattoli meccanici e non meccanici in latta".
Nel 1934 l'azienda, i cui stabilimenti principali erano a Milano in Piazza Ubaldino Peruzzi 3 e in Via Amadeo 30, e che nel momento della massima espansione impiegava più di 2000 persone, assorbiva la Metalgraf Meridionale, fondata nel 1919. Nel periodo immediatamente pre-bellico e durante gli anni della guerra la fabbrica viene convertita alla fabbricazione di cassette, bombette, filtri per le maschere antigas, scatole e recipienti per munizioni. La litografia pubblicitaria viene progressivamente abbandonata nel dopoguerra.
Il 29 aprile 1954, dopo la trasformazione dell'azienda in S.p.A., gli stabilimenti di Milano vengono chiusi e trasferiti a Lecco.
Nei primi anni Settanta si avrà la chiusura definitiva.

The "Unione Arti Grafiche sui Metalli", known as Metalgraf, was set up on Monday 6th August 1906 in Milan and came from the idea of pooling the resources of lots of little firms, in order to create one single firm with various factories in Milan, Lecco and Turin.
Its founding members include Count Giuseppe Ranci Ortigosa from Milan, the Biffi brothers from Lecco, Pietro De Paolini and Andrea Matossi from Turin, and Giuseppe Pastore from Genova Sampierdarena, all owners of firms carrying out chromolithography on metals.
Art.2 of the firm's deeds refers to its corporate purposes as being "chromolithography and all kinds of graphics and artistic designs on tin plate, metals and other materials; the manufacturing of posters and advertising memorabilia, tins etc." The firm was based in Via Vincenzo Monti 25 in Milan and the corporate capital was 3,000,000 lira, composed of 30,000 shares each worth 100 lira. Pietro De Paolini was appointed as the first chairman of the company.
In 1923 the Milan Chamber of Commerce was informed that the company was starting to manufacture "mechanical and non-mechanical toys made of tin plate" at its factories in Milan Bovisa, Milan Gambolita, Milan Lambrate, Lecco, Turin Sampierdarena and Sala Baganza (Parma).
In 1934 the firm, whose main factories were in Piazza Ubaldino Peruzzi 3 and Via Amadeo 30 in Milan, and which employed over 2000 people in its heyday, took over Metalgraf Meridionale, originally founded in 1919.
Just before and during the war, the factory converted to manufacturing crates, hats, gas mask filters, boxes and munitions holders.
Advertising lithography was gradually abandoned after the war. After the firm was turned into a limited company on 29th April 1954, the Milan works were closed down and moved to Lecco.
It closed down permanently in the early-1970s.

3

"METALGRAF" UNIONE ARTI GRAFICHE SUI METALLI

SOCIETÀ ANONIMA SEDE IN MILANO
CAPITALE L. 3.500.000

STABILIMENTI
BOVISA - LECCO - TORINO - SAMPIERDARENA
MENDRISIO (SVIZZERA) - METALGRAF SUISSE
BADALONA (SPAGNA) - METALGRAF ESPAÑOLA

STABILIMENTI AUSILIARI
BOVISA / LECCO - Decreto N. 71 del 15 Marzo 1916.
TORINO - Decreto N. 66 del 27 Febbraio 1916.

Per Telegrammi ed Indirizzo abbreviato: METALGRAF
Telefono 62-81.

Milano 21 Settembre 1917
Via Vincenzo Monti 25

2

1

1. METALGRAF - 1920
60x46 (B)
La Metalgraf scelse la fedele copia di un quadro di David per illustrare la sua abilità nella riproduzione litografica
Metalgraf opted for an accurate copy of a painting of David to illustrate its lithographic reproduction expertise.

2. FATTURA METALGRAF
METALGRAF INVOICE

3. PINZA PORTAFOGLI METALGRAF
METALGRAF BILL-FOLD CLIP

La Passero di Monfalcone
The Passero firm in Monfalcone

1

E. Passero & C." Graphics Plant in Monfalcone was founded on 6th July 1907 with its registered office in Trieste and administration headquarters and factory at no.4, Via Duca D'Aosta in Monfalcone.
The company was run by Ettore Grasselli, who used to work for Metalgraf in Milan and was an expert in manufacturing and printing on tin plate. Enrico Passero, who also owned a printing works, owned the firm in which he was also the leading share holder and founding partner (together with other partners).
The first plant was abandoned when the 1st World War broke out and was bombed during an air raid. Rebuilt in 1919, it was extended until it eventually employed about 400 staff during its busiest period in the 1930s.
Due to its logistical position plenty of orders came from Istria, Albania and Greece, but the company started to decline when the money stopped flowing in at the outbreak of the 2nd World War. But other orders came from important firms like Singer, Dreher, Moretti, Stock and Arrigoni. One of the firm's best ideas was a tin toy shaped like a car manufactured for the Delser biscuit factory in Martignacco.
Ettore Grasselli remained in charge throughout this entire period and also became the firm's leading shareholder.
The factory began a slow decline after the 2nd World War, as its production came to focus more on industry and less on commercial art until it finally closed in 1982.

2

Le Officine Grafiche Monfalconesi "E. Passero & C." vennero fondate il 6 luglio 1907 con sede legale a Trieste e sede amministrativa e stabilimento a Monfalcone, in Via Duca D'Aosta 4.
L'azienda era diretta da Ettore Grasselli, già impiegato alla Metalgraf di Milano, ed esperto nella lavorazione e stampa su latta. Enrico Passero già proprietario di una industria tipografica era l'intestatario della ditta, di cui era maggior azionista e socio fondatore (insieme ad altri soci).
Il primo stabilimento venne abbandonato con lo scoppio della prima guerra mondiale e venne distrutto nel corso del conflitto. Ricostruito nel 1919 venne ampliato fino a occupare, negli anni Trenta, nel periodo di massimo sviluppo, circa 400 dipendenti.
Per la sua posizione logistica molte commesse arrivavano dall'Istria, dall'Albania e dalla Grecia, ma questo supporto economico verrà a mancare con lo scoppio della seconda guerra mondiale, contribuendo al declino della azienda. Altre commesse giungevano da ditte importanti come la Singer, la Dreher, la Moretti, la Stock, la Arrigoni. Di particolare interesse collezionistico resta una scatola giocattolo in forma di automobile, prodotta per la fabbrica di biscotti Delser di Martignacco.
Per tutto questo periodo la direzione rimane a Ettore Grasselli che diventa il maggiore azionista dell'azienda.
Dopo la seconda guerra mondiale la fabbrica andò incontro a un progressivo declino, con una produzione sempre più concentrata sul settore industriale e l'abbandono di quello cartellonistico, fino alla chiusura nel 1982.

3

1. Pubblicità tratta dall'annuario della navigazione del 1913.
Advertisement taken from a shipping yearbook from 1913.

2. FATTURA PASSERO
PASSERO INVOICE

3. Magazzino della pubblicità della ditta.
Storeroom for the company's advertising products.

Ditte litografiche
Lithography firms

Riportiamo qui l'elenco delle aziende litografiche italiane e straniere, senza alcuna pretesa di completezza, ma limitandoci a fare riferimento solo a quelle citate nel libro.
Ricordiamo che su molte targhe il nome della ditta produttrice non compare oppure l'usura del tempo non ne ha permesso il riconoscimento.

Ditte litografiche italiane

An. Alma Milano
Biffi Lecco
Bozzetti Milano
Brianza Latta
Brill Milano
Casanova Genova Sampierdarena
Coen Milano
De Andreis Genova Sampierdarena
De Paolini-Matossi Torino
F.I.L.A. Milano
Gattorno Genova
Lampugnani Milano
Landriani Milano
Maggiorotto Torino
Marazza Milano
Mastalli Lecco
Matossi Torino
Marzorati Savona
Metalgraf Milano
Metalgraf Meridionale Napoli
Merlo Lecco
Navoni Magenta
Nenzioni Bologna
Noro Genova Sampierdarena
Passero Monfalcone
Ranci Milano
Renzetti Oneglia
Salamana Milano
Secchi Milano
Silla Milano
Tomasini Milano

3

Ditte litografiche straniere

Buhler Cannstat
Latta Vienna
Prager & Lloyda Berlino
Saturnia Lubiana
Sauber & Bush Dresda
Wieser Zurigo

Here is a list of Italian and foreign lithography firms, although it is not intended to be exhaustive and only refers to those firms mentioned in this book.
It is worth pointing out that the manufacturer's name often does not appear on a number of plaques, or it has worn away down the years and is now illegible.

Italian lithography firms

An. Alma Milano
Biffi Lecco
Bozzetti Milano
Brianza Latta
Brill Milano
Casanova Genova Sampierdarena
Coen Milano
De Andreis Genova Sampierdarena
De Paolini-Matossi Torino
F.I.L.A. Milano
Gattorno Genova
Lampugnani Milano
Landriani Milano
Maggiorotto Torino
Marazza Milano
Mastalli Lecco
Matossi Torino
Marzorati Savona
Metalgraf Milano
Metalgraf Meridionale Napoli
Merlo Lecco
Navoni Magenta
Nenzioni Bologna
Noro Genova Sampierdarena
Passero Monfalcone
Ranci Milano
Renzetti Oneglia
Salamana Milano
Secchi Milano
Silla Milano
Tomasini Milano

1

2

Foreign lithography firms

Buhler Cannstat
Latta Vienna
Prager & Lloyda Berlino
Saturnia Lubiana
Sauber & Bush Dresda
Wieser Zurigo

5

1. Pubblicità Ranci tratta dall'annuario generale italiano del 1903.
Ranci advertisement taken from the Italian general yearbook for 1903.

2. BIGLIETTO DA VISITA RANCI
RANCI BUSINESS CARD

3. SAVIO - 1890
40x27 (D)
Pin G.to
La figura mitologica che regge la tavolozza dei colori è un'immagine pubblicitaria tipica del passaggio tra Ottocento e 'Novecento
The mythological figure holding the palette of colours is a typical advertising image at the turn of the 19th-20th century.

4. 5. BIGLIETTO DA VISITA MARAZZA (fronte-retro)
MARAZZA BUSINESS CARD (front-back)

6. Cartolina pubblicitaria della Savio di Genova.
Advertising postcard of the Savio firm from Genoa.

Esposizioni riunite di Milano, 1894

Esposizioni Riunite, Milan, 1894

Il primo tentativo di fare una mostra sulla pubblicità fu compiuto, in Italia, nel 1894, nell'ambito delle Esposizioni Riunite di Milano. La galleria della pubblicità era di ridotte dimensioni, non occupando più di 1000 metri quadrati, e al centro spiccava la grande piramide della ditta Gottardo De Andreis di Sampierdarena, "ove, distribuiti in modo elegante e artistico, sono esposti diversi oggetti di latta dipinti per le varie réclames. Sono cartelli d'ogni grandezza e dimensione, portacenere, piatti dipinti a fuoco molto bene e una quantità d'altri oggettini eleganti, destinati alla pubblicità dell'una e dell'altra industria".

Negli articoli che descrivevano questa mostra i giornalisti non furono particolarmente teneri, giudicandola incompleta e sottolineando come la "pubblicità, uno dei mezzi più potenti per allargare i commerci e le industrie, è da noi allo stato bambino". Veniva altresì stigmatizzata l'assenza della Ricordi, prima in Italia nella produzione di manifesti pubblicitari, che in questa mostra si era molto impegnata in una vasta esposizione di materiale musicale, quasi a voler mettere in secondo piano la sua attività pubblicitaria giudicata non di prestigio.

All'interno della esposizione sulla pubblicità, in un "salotto speciale, elegantissimo, Felice Bisleri, il coraggioso industriale milanese che tanto impulso diede alla réclame in Italia, presenta una esposizione completa di tutti i mezzi di pubblicità adoperati dal 1881 in poi per lanciare il suo Ferrochina e, ultimamente, l'Acqua di Nocera". Felice Bisleri fu il primo vero, grande industriale che intuì l'importanza del mezzo pubblicitario e del merchandising, con una intuizione che oltre oceano fece sua la Coca Cola con il successo, anche collezionistico, ben noto. Nel suo salotto si trovavano esposti cartelli d'ogni qualità e dimensione, cornici, sedie a fischio, specchi, paralumi, opuscoli, sacchetti, calamai, biglietti, turaccioli, giochi, matite e così via, "perché il Bisleri accetta, in questa sua operosità di pubblicista, qualunque proposta buona, e la paga, talvolta anche profumatamente."

The first attempt to organise an advertising exhibition was held in Italy in 1894, as part of the Esposizioni Riunite in Milan.The advertising gallery was only very small, taking up no more than 1000 square metres, and in the middle there was a large pyramid designed by the Gottardo De Andreis firm from Sampierdarena, "where, set out elegantly and artistically, various painted tin objects used for advertising were on display. Signs of all shapes and sizes, ashtrays, painted fired plates, and a range of other elegant objects designed for advertising in various different industries."

Newspaper articles on the exhibition were rather harsh, describing it as incomplete and pointing out that "advertising, one of the most powerful means of expanding trade and industry, is still taking its first tentative steps here in Italy." The absence of any products by Ricordi, the leading Italian manufacturer of advertising posters, was also underlined, particularly since it had a wide range of musical items on display, as if to push its advertising work into the background as relatively unimportant.

At the advertising exhibition in a "special, extremely elegant lounge, Felice Bisleri, a bold industrialist from Milan who injected so much life into the Italian advertising industry, presented a full collection of different means of advertising in use since 1881, in order to publicise his Ferrochina and his latest Acqua di Nocera." Felice Bisleri was the fist leading businessman to realise the importance of advertising and merchandising, rather like Coca Cola on the other side of the ocean, whose advertising success (including its collectors' items) are so well known. His lounge displayed signs of all sizes and qualities, frames, chairs, mirrors, lampshades, brochures, bags, inkwells, tickets, corks, pencil, games etc., "because Bisleri is willing to consider any good idea for his advertising business and also pay good money for them, if necessary."

LA GALLERIA DELL'ESPOSIZIONE DI PUBBLICITÀ.

L'esposizione della reclamistica prodotta dalla De Andreis tratta dal libro dell'esposizione di Milano del 1894.
Exhibition of advertising by the De Andreis firm taken from the handbook for the 1894 Milan trade fair.

La réclame
Advertising

Riportiamo qui di seguito, integralmente, un saggio pubblicato sulla "Scena Illustrata", scritto da Luigi Cerchiari, nel 1905. Il testo dà una idea molto precisa di come era considerata la pubblicità allora.

«Dopoché la stampa nelle sue mille e diverse estrinsecazioni ha dilagato nelle città e nelle campagne, portando dovunque la nota del progresso, il clamore della civiltà che s'avanza, segnando le nuove tappe dell'evoluzione sociale, la réclame l'ha seguita dappresso, si è immedesimata con lei e, nuovo alfiere del commercio, ha spezzato le barriere, delle convenzioni e dei pregiudizi, ha tolto di mezzo gli ostacoli, le ha facilitato la via.
Enorme detonazione di bomba scoppiata; eco leggiadro di campana udita da lontano; lieve carezza di suono gentile, la réclame si impone a noi con la sfacciata violenza dei suoi modi energici ed esagerati, o ci alletta e lusinga con la dolce blandizia.
Ha così invaso l'organismo degli intrecci commerciali, lo sviluppo delle industrie, si è così imposta nel pubblico, che nessuna industria, nessun trovato, nessuna merce, farebbe fortuna se la réclame non la indicasse, non l'aiutasse, non la spingesse.
Per fare il negoziante, scrive un umorista, prima di tutto è necessario fare della réclame sui giornali, dopo forse può essere utile avere della merce.
La réclame che fa da mediatore e chiude gli affari, che fa da oculista e apre gli occhi ai ciechi, che cava l'applauso della folla, che suggestiona il pubblico e sborsa i quattrini dal portafogli, la réclame che nel secolo scorso ha raggiunto l'altezza di una funzione sociale ha fatto già un magnifico cammino affratellandosi colla scienza, illeggiadrendosi con l'arte.
Essa ha portato nel patrimonio della folla le leggi della fisiologia, gli assiomi della filosofia, la conoscenza dei misteri dell'anatomia; si è servita della prosa dolce e leggiadra, del periodo fluente e carezzevole, del sorriso della frase geniale, del nitore dei vocaboli scelti, dell'intonazione pindarica, delle odi,delle terzine dantesche, degli stornelli, dei sonetti, delle ottave, dei versi sciolti...; si è servita dell'arte pittorica, la più svariata; carezzevole nelle *nuances* dei colori, imponente nella maestosità del disegno, suggestionante nella potenza del richiamo; ha costretto la tipografia e la litografia alla perfezione del manifesto allettante nei morbidi colori, affascinante nelle linee voluttuose di nudità procaci, imponente nelle decorazioni, negli arabeschi, nello sforzo del carattere a torcersi, a piegarsi per destare quanto più possibile l'attenzione.
E l'avviso che si è impadronito di una pagina intera del giornale, che ha invaso anche le altre e si va a cacciare con la parvenza di notizie o di consigli del giornalista, fra le note di cronaca, tra i trafiletti, fra i dispacci, fa capolino nelle vetrine, nei libri, tappezza i tramway, le ferrovie, le scatole di cerini, i pali dei telegrafi, rompe la bianca monotonia delle strade delle città, compare sui tetti al di sotto dei cornicioni e, giù fino agli usci delle case e sui lastricati delle vie; chiazza dei colori più vivi il verde tranquillo dei campi, si arrampica tra le balze nevose del Gottardo, scomparendo fra le gallerie, riapparendo sulle cime degli alberi; si nasconde civettuolamente alle svolte dei canali della laguna di Venezia, pieni di mistero e di pace, si aggiunge, quasi deformità naturale sugli omeri di disgraziati che hanno fame. La réclame si e' servita anche della musica e una marcia trionfale proclama con la solennità degli ottoni la virtù benefica delle pillole per la tosse; la serenata languida ripete le delizie d'una conserva; la romanza briosa intuona il panegirico del liquore stomatico o della polvere dentifricia. È questa imposizione continua che si offre all'occhio, che si presenta in mille manifestazioni, questa goccia di persuasione che giorno per giorno produce il suo foro nella pietra della cocciutaggine umana, quest'arma ipocrita del commercio che uccide con il sorriso i pregiudizi, che taglia con la carezza gli ostacoli è la réclame che i francesi hanno chiamato l'anima della vita industriale e commerciale. E la réclame fanno gli inventori ai loro trovati scientifici, alla réclame ricorrono i commercianti, i venditori di stecchini da denti e di automobili perfezionati, di cerini resistenti e di macchine da cucire, di amido e di elisir di lunga vita, di inchiostro indelebile e di cioccolata sostanziosa. La réclame si fanno i professionisti, dal medico al professore, dall'avvo-

The article reprinted in full below was published in "Scena Illustrata", written by Luigi Cerchiari in 1905. The text provides a very accurate idea of how advertising was seen back then

«After the press in all its various manifestations spread through our cities and out into the countryside, informing us of the progress of our ever-advancing society and marking the latest steps in the direction of social development, advertising is now following close in its wake, identifying with it and, as the new standard-bearer of trade, breaking down barriers, conventions and prejudices, removing obstacles and making life easier.
Like a bomb exploding, the ringing of a distant bell or a gently resounding noise, advertising strikes us with the violent impulse of its exuberance and energy, or just flatters and entices us with all its sweet talk.
It has entered into the very workings of trade and industrial development, imposed itself on the general public, so much so that no industry, discovery or product could ever make its fortune without advertising pointing it out, helping it along, and giving it a nudge in the right direction.
A humorist wrote that to be a tradesman the first thing you need is to advertise in the papers, after that it might be useful to have some goods to sell.
Advertising as a middle-man that closes business deals, the eye specialist that lets the blind see, cheered by the masses and getting people to open their wallets, advertising, which has actually achieved the status of serving a social purpose over the last century, has already come a long way and now rubs shoulders with art and science.
It has brought to the masses the laws of physiology, the axioms of philosophy, a knowledge of the mysteries of anatomy; it has used gently flowing prose, neat and soft sentences, the enticing smile of brilliant phrases, the clarity of carefully chosen words, intonation worthy of Pindar, odes, Dante's rhyme, short and striking lyrics, sonnets, octaves, flowing verse...; it has drawn on all kinds of painting in every shade of colour, majestically designed and powerfully enticing; it has forced printing and lithography to produce perfect posters in soft and enticing colours with voluptuous lines of provocative nudity, strikingly decorated in dazzling patterns as it twists and bends to catch the eye.
It has taken over full pages in newspapers, also finding its way in to all the others and, disguised as news or journalists' advice, has even cropped up in the news columns; it is found in dispatches, shop windows and even books, it decorates the tramways, railways, matchboxes, telegraph poles, breaks the colourless monotony of city streets, appears on roofs beneath the cornices, and can even be seen on doors and the pavements of our roads; it dapples the green fields with brighter colours, climbs up the snowy cliffs of Mount Gottardo, vanishing into the tunnels only to reappear again up in the tree tops; it hides coyly around the bends of canals in the Venice lagoon, full of mystery and stillness, and hangs like some sort of natural deformity on the shoulders of the hungry.
Advertising has even used music, drawing on the brass section of a triumphant march to announce the virtues of some cough pills or other; a gentle serenade tells us of the wholesome flavour of a jam; a bright and breezy romance is a eulogy for a stomatic liqueur or tooth paste.
And this constant presence before the eye, that takes on thousands of different forms, this persuasive game that bores away at the stubbornness of the human mind, this hypocritical weapon of trade that kills prejudices with a smile and cuts down obstacles with a caress, is advertising, which the French have called the soul of industry and trade.
Even the inventors of new scientific discoveries use advertising, as do tradesmen, salesmen for tooth picks and classy cars, waterproof matches and sewing machines, starch and the elixir of long life, indelible inks and thick chocolate.
Professional people use advertising, from the doctor to the professor, from the lawyer to the engineer, from the artist to the scientist, to announces their successes and achievements, basking in the glory and soaking up the applause

cato all'ingegnere, dall'artista allo scienziato col proclamare le vittorie ottenute, le glorie degli applausi, gli allori conseguiti, le congratulazioni dei grandi.
E le celebrità servono di mezzane a questa funzione della réclame, e gli opuscoli diffondono a migliaia gli attestati dello scienziato A, sulle proprietà salutifere delle pillole, garantiscono la potenza magica del trovato igienico, e i biscottini prendono il nome della principessa ereditaria, e i liquori quello delle mille regine d'Europa; dalla sovrana della Russia alla Taitù dell'Etiopia, e le scatole di carta da lettere sono dedicate alla memoria di Giuseppe Verdi, e il bar americano si intitola a Felice Cavallotti.
Alla réclame ricorrono gli uomini politici del brutto stampo, e comprano l'elogio del giornale servile e cospargono i muri dei loro nomi e titoli, ma è réclame che si risolve in strisce colorate di carta che gli ambiziosi del potere fanno affiggere sulle case e fin sulle colonne delle procuratie di San Marco ma che non può non scuotere la coscienza serena del pubblico che con veduta saggia, con discernimento acuto non si lascia blandire e accalappiare.
Edmondo De Amicis in un brillante articolo dei suoi ricordi di Parigi descrive la persecuzione della réclame nella capitale di Francia quando la visitò dieci anni or sono: una persecuzione opprimente che si risolveva negli avvisi multicolori affissi sui muri, sulle pareti, appesi ai fili del telefono, incastrati fra i comignoli dei tetti, nei manifestini dispensati a mano, nei richiami che tappezzano le vetture, nelle liriche distribuite dentro ai caffè, nelle esclamazioni cubitali del "Petit Journal": "Seicentomila esemplari al giorno; tre milioni di lettori", e se ne meravigliava e ne parlava agli italiani come di cosa nuova e curiosa.
Oggi, là, si è andati più avanti, e il commerciante stipendia una compagnia di sfaccendati che manda vestiti da artisti o da dame a richiedere nei negozi la sua merce e a ottenere di diffonderla; il fonografo grida alle vie le meraviglie d'un ritrovato; ma qui in Italia si ripete la persecuzione di dieci anni fa in Francia, e il negoziante di biciclette paga un triciclista a girare con una baracca le vie della città da mane a sera per far osservare al pubblico un nuovo modello di macchina, le esposizioni che si succedono emettono i bolli chiudi lettera, il grande commerciante monopolizza la quarta pagina del giornale più diffuso, un altro invade le cartoline illustrate e i meriti del dentifricio o del ferro china sfolgoreggiano nella luminosità delle lampadine elettriche fra il buio dei tetti dietro il Duomo di Milano e il fabbricante di amido vi dona il portuovo, l'allaccia tovagliolo, quello di mostarda, i calendari profumati e quant'altro; gli avvisi multicolori invadono anche le sacrestie delle chiese non contenti di relegarsi sugli steccati che celano i lavori del muratore; e il richiamo insinuante si caccia fra un periodo e l'altro del *Quo Vadis*, il romanzo più in voga!
Il nuovo secolo aprirà nuove strade al commercio e alle industrie, ma le vedremo sempre precedute dalla figura leggiadra e arlecchinesca della réclame che colla tromba fama griderà ai quattro venti le proprietà e i vantaggi dei nuovi ritrovati, i meriti di Tizio e di Caio, l'economia di un sistema, le scoperte della chimica o della meccanica. »

from the crowds, and congratulations from important figures.
And celebrities also exploit the enticing power of advertising, and brochures spread theories of a given scientist A to the masses, telling of the healthy properties of pills, guaranteeing the magical properties of some cleaning agent, and even biscuits are named after some crown princess, and liqueurs after the thousands of European queens, from the Sovran of Russia to the Taitù of Ethiopia, and boxes of writing paper are devoted to the memory of Giuseppe Verdi, an American bar named after Felice Cavallotti.
And even disreputable politicians turn to advertising, paying for the favours of a servile newspaper and covering the walls with their names and titles. The coloured strips of paper that the ambitious and power-hungry stick on the walls of houses and even the columns around St. Mark's is also advertising, but in this case it disturbs the general public, who with keen judgement and wise discernment will not have the wool pulled over their eyes.
In a brilliant article about his trips to Paris, Edmondo De Amicis describes how he was persecuted by advertising in the French capital when he went there on a visit ten years ago: oppressive persecution in the form of multicoloured posters stuck on walls, hanging from telephone wires, wedged between chimneypots, in hand-outs or decorating vehicles, in the lyrics handed out inside bars, in the cube-shaped interjections of the "Petit Journal". "Six-hundred thousand copies-a-day; three million readers", and he was amazed by it and spoke of it to the Italian people as something new and intriguing.
Nowadays, over there, they have gone even further, and a tradesman hires a band of idlers, who are sent, dressed up as artists or ladies, to ask for his goods in shops; and now the phonograph sings the praises of some new marvel; but here in Italy we are just repeating the persecution of ten years ago in France, and a bike seller will pay a man on a tricycle to ride around on his weird contraption from dawn to dusk to let people see some new model, the various exhibitions being held have their own letter seals, big tradesmen take up the entire fourth page of the biggest selling newspaper, another uses coloured postcards, the merits of toothpaste or chinchona iron shimmer in the light of electric lamps amidst the darkness of the roofs between Milan Cathedral, and the starch-maker gives you a free eggcup, napkin pin or mustard pot, sweet-smelling calendars and all sorts of things; multi-coloured posters can even be found in the vestries of churches, not content to be relegated to the fences hiding the mason's handiwork; and advertising even manages to wriggle its way between the pages of Quo Vadis*, the most popular novel at the moment!*
The new century will open up the way for trade and industry, but they will inevitably be proceeded by the graceful, harlequin-like figure of advertising, which, with a fanfare, will tell one and all of the properties and benefits of new products, the merits of somebody or other, the economics of some system, and even discoveries in the field of chemistry and mechanics. »

Esposizione della ditta Matossi di Torino (tratta da "Il Gazzettino" del 1898).
Exhibition by the Matossi firm from Turin (taken from "Il Gazzettino" from 1898).

Felice Bisleri
Felice Bisleri

Felice Bisleri nacque nel 1851 e a quindici anni combatté con i garibaldini a Bezzecca. Stabilitosi a Milano nel 1880 brevettò e commercializzò la famosa ferrochina a cui affiancò nel 1894 la Sorgente Angelica di Nocera Umbra, che acquistò per novecentomila lire dal dott. Maggiorani, medico personale della regina Margherita.
Morì il 17 settembre 1921, lasciando una florida azienda, che nel 1967 arrivò a vendere bottiglie di acqua minerale in India, allargando poi la vendita ad altre bevande analcoliche.
Come già ricordato, fu tra i primi industriali a intuire le potenzialità della pubblicità e a sfruttarla appieno. Per questo gli abbiamo dedicato una piccola sezione speciale con un esempio dei gadget da lui inventati.

Felice Bisleri was born in 1851 and at the age of fifteen fought alongside Garibaldi's troops at Bezzecca. After setting up business in Milan in 1880, he patented and marketed his famous "Ferrochina", to which he later added "Sorgente Angelica" from Nocera Umbra in 1894, which he bought off Dr. Maggiorani, Queen Margherita's personal doctor, for nine-hundred thousand lira.
He died on 17th September 1921, leaving behind a flourishing business, which even began selling mineral water in India in 1967, widening its sales to include other non-alcoholic drinks.
As has already been mentioned, he was one of the first industrialists to realise advertising's potential and make good use of it. This is why we have devoted a small special section to him, showing examples of some of the gadgets he invented.

1

2

3

1. 2. 3. BISLERI - 1920
diam. 50 (D)
De Andreis
La splendida serie dei quattro animali scelti personalmente da Felice Bisleri per pubblicizzare i suoi prodotti (molto rara completa).
A magnificent set of four animals personally chosen by Felice Bisleri to advertise his products (the full set is very rare).

1

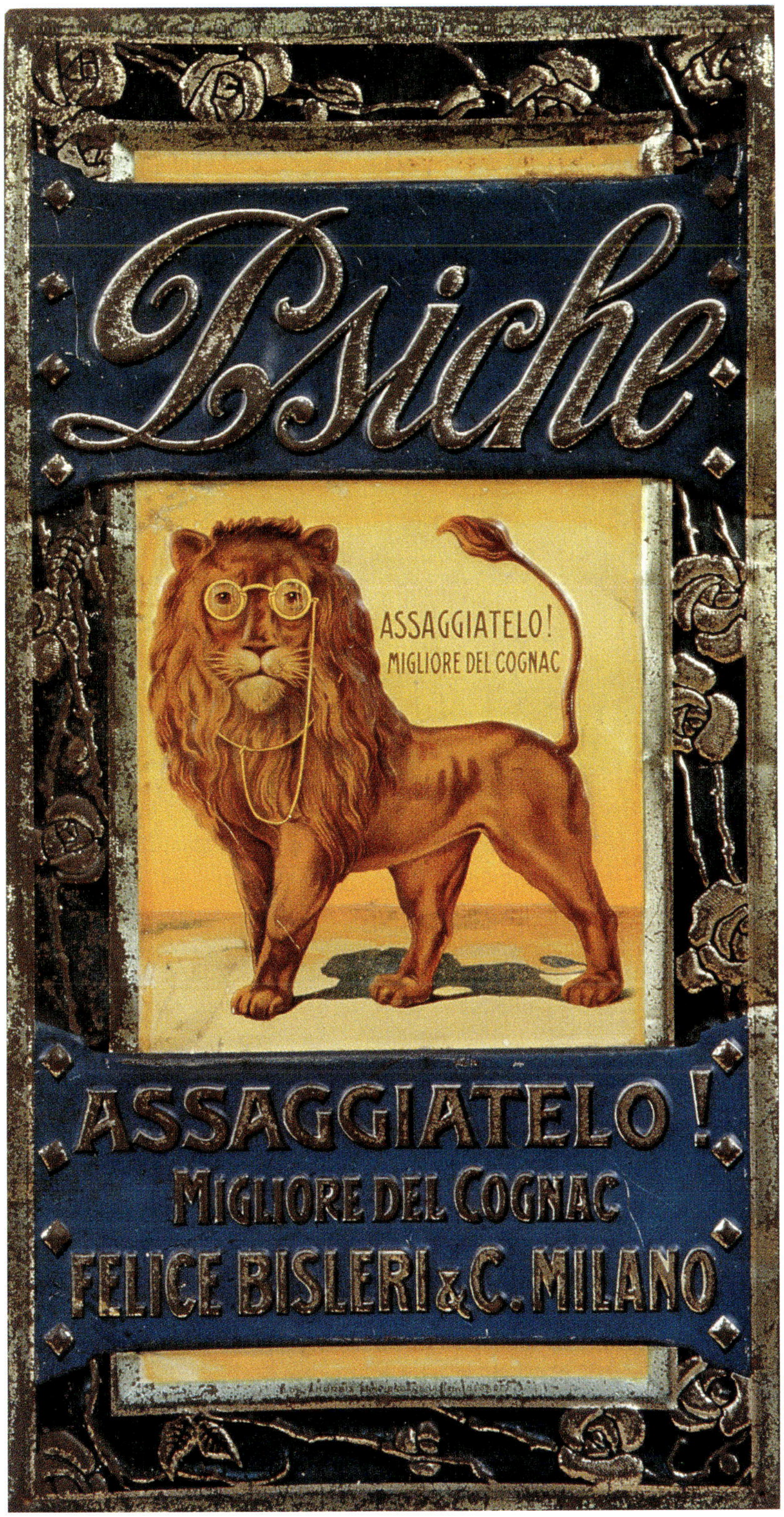

2

3

1. PSICHE BISLERI - 1920
50x25 (D)
Essendo il cognac venduto a un pubblico di ceto sociale elevato, il leone viene "intellettualizzato" con un paio di occhiali. Si mantiene così il richiamo all'immagine Bisleri cercando di caratterizzarla diversamente.
Since cognac is sold to people from the upper classes, the lion wears glasses to look more "intellectual". This is a new rendering of Bisleri's old image.

2. 3. BISLERI - 1910
100x70 (D)
Ranci
La splendida coppia di leoni, legata ancora oggi all'iconografia della Bisleri, mandava il suo messaggio di forza (*robur*) e salute (*salus*) sia con le scritte che con l'immagine.
This magnificent pair of lions, still associated with Bisleri's image, set out a message of strength (robur) and health (salus) through both its wording and the picture.

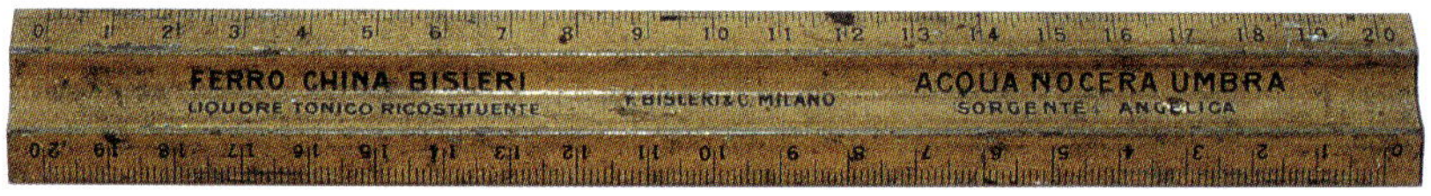

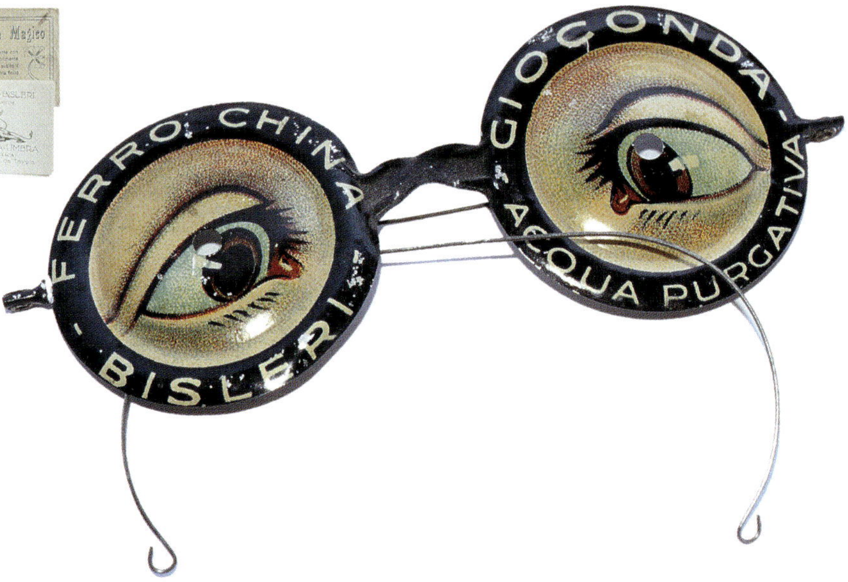

Serie di oggetti pubblicitari antecedenti al 1920 prodotti dalla Bisleri e distribuiti come gadget.
A set of advertising objects dating back to pre-1920 manufactured by Bisleri and marketed as gadgets.

Bevande alcoliche
Alcoholic drinks

Sin dall'antichità si tendeva ad aromatizzare il vino e le prime testimonianze risalgono al 400 a.C. I Greci facevano macerare nel vino i fiori dell'artemisia absinthium. In epoca romana vengono descritti vini aromatizzati con spezie.

Nel Medioevo, con l'arrivo in Europa di spezie nuove, prima dall'Oriente e poi dal Sudamerica, questa tendenza si diffuse aggiungendo al vino cannella, cardamomo, zenzero, legno di sandalo.

Ma fu nel 1555 che, nel libro De secreti, venne fornita per la prima volta la ricetta di un vino aromatizzato con erbe alpine, il quale nella traduzione tedesca divenne wermut, a sua volta venne italianizzato in vermut o vermouth.

La tradizione affida ad Antonio Benedetto Carpano, l'aiutante del sig. Marendazzo, vinaio di Torino, la creazione del vermouth, così come lo conosciamo ai giorni nostri.

Il Carpano ebbe l'idea di aromatizzare il vino moscato con alcune erbe e spezie del biellese, da cui proveniva, secondo ricette imparate dai frati e rielaborandole personalmente: il successo fu immediato, tanto che il Duca Vittorio Amedeo III lo proclamò aperitivo di corte.

La ricetta di Carpano era una variante di altre già note all'epoca a Torino, ma ebbe il grande merito di dare un marcato impulso alla produzione di questa bevanda alcolica, aggiungendosi presto ai prodotti di altre grosse case vinicole come Martini, Cinzano, Cora Gancia.

Ancora oggi il vermouth costituisce il 20% delle esportazioni italiane di vino nel mondo.

1

Ever since ancient times wine tended to be flavoured and the first evidence of this dates back to 400 B.C.The Greeks used to soak artemisia absinthium flowers in wine. There are records from Roman times of wines flavoured with spices.

When the first new spices arrived from the East and then South America in the Middle Ages, this became common practice, with cinnamon, cardamom, ginger and sandalwood all being added to wine.

But it was only in 1555 through the book De secreti that the recipe for wine flavoured with Alpine herbs was given. The German term wermut was then Italianised into vermut or vermouth.

Tradition has it that Antonio Benedetto Carpano, an assistant of Mr. Marendazzo, a wine merchant from Turin, created vermouth as we know it today. Carpano had the idea of flavouring Muscat wine with some herbs and spices from the Biella area, where he came from, based on recipes he got from local friars, which he then re-worked in his own personal way: it was an instant success, so much so that Duke Vittorio Amedeo 3rd made it the official court aperitif.

Carpano's recipe was a variation on other familiar recipes from that period in Turin, but it was responsible for really boosting the production of this alcoholic drink, which was soon added to the products of such important wine producers as Martini, Cinzano and Cora Gancia.

Vermouth still accounts for 20% of Italian wine exports worldwide.

2

1. VINO CHINATO-VERMOUTH
TRINCHIERI - 1910
49x34 (E)
Uno dei primi esempi di pubblicità comparativa: sui volantini si leggeva, al di sotto dell'uomo che grida, "un milione a chi trova un vino chinato migliore di quello della Trinchieri". Eccezionale esempio di targa fustellata, la cui tipologia fu presto abbandonata per gli elevati costi di produzione
One of the first examples of comparative advertising: the leaflets showed a man shouting out "a million to anybody who can find a better china bark-flavoured wine than Trinchieri".
This is a fine example of a punched plaque, a style that was soon abandoned due to its high production costs.

2. VINO CHINATO-VERMOUTH
TRINCHIERI - 1920
100x70 (E)
Coen
Sanmarco
Un' immagine pubblicitaria stilisticamente ripresa molte volte: l'attraente donna guarda il bicchiere del prodotto reclamizzato invitando idealmente all'assaggio.
A popular advertising image: an attractive woman stairs at a glass of the product being advertised as a sort of invitation to taste it.

1. VINO CHINATO
COCCHI & MOLINA - 1910
39x29 (D)
De Andreis
La Cocchi e Molina, ancora esistente, ha il vanto di avere inventato il vino barolo chinato, a cui venivano attribuite anche virtù terapeutiche (per la presenza della china).
Cocchi and Molina, still in business, can claim to have invented this dry red china bark-flavoured wine supposedly with therapeutic properties (due to the china bark).

2. FERRO-CHINA BUCCO - 1920
43x34 (C)
De Andreis
In questa targa la forza indotta dalla ferrochina viene associata al fatto che nel mondo sorretto da Ercole si riflette il consumatore fortificato dall'uso.
In this plaque the fortifying powers for the consumer deriving from ferrochina are associated with the image of Hercules holding up the world.

3. FERRO-CHINA GUASTI - 1910
53x35 (C)
De Andreis
Tessari
Una delle prime opere di Tessari, diversa dalle donne da lui ritratte solitamente e stilisticamente molto più vicina ad Aleardo Villa.
One of Tessari's first works, different from the women he usually portrayed and stylistically very similar to Aleardo Villa.

4. FERROCHINA GARRONI - 1910
25x35 (B)
De Andreis
Tessari
L'immagine del corteggiamento ricorre spesso, ancora oggi, nelle immagini pubblicitarie, pur con canoni stilistici diversi.
The image of courtship often crops up, even today, in advertising images, often being used in various different stylistic forms.

5. FERROCHINA BALIVA - 1920
35x50 (B)
De Andreis
Un' immagine derivata senza troppa fantasia dalla Bisleri e presto sostituita.
A rather unimaginative image of Bisleri that was soon replaced.

6. FERROCHINA BALIVA - 1920
47x32 (C)
De Andreis
Abbandonata l'immagine del leone, la Baliva passò all'immagine ancora più forte di chi lo doma.
Having dropped the lion image, Baliva moved onto the even more powerful image of the lion tamer.

1

3

2

4

6

5

Da un opuscolo della ditta Buton del 1876: "Dell'Elixir Coca Boliviana la fabbrica Casa Buton ne fabbrica attualmente e ne smercia molte migliaia di litri soprattutto in Sardegna, nel Napoletano e in Toscana... Oggi la distilleria non deve più rinchiudersi nell'impenetrabile e misterioso recesso dell'alchimia: tutto si fa all'aperto e la casa fa vedere a tutti i numerosi visitatori del suo stabilimento la qualità delle foglie di coca... Il prof. Mantegazza ci ricorda come, a masticare 2-3 grammi di coca, i poteri nervosi aumentano, la vita si fa più attiva, ci si sente più robusti, più agili, più disposti al lavoro... fino ad arrivare alla fantasmagoria che ci fa godere dei piaceri della vita senza farci accusare di essere viziosi così come per l'alcol". Decisamente altri tempi!
In realtà piccole dosi della pianta di coca erano presenti in molte bevande della fine dell'Ottocento, tra cui, più famosa di tutte, la Coca Cola.

From a brochure by the Buton firm from 1876: "Buton's factory currently manufactures and markets thousands of litres of Elixir Coca Boliviana, particularly in Sardinia, the Naples area and Tuscany… The distillery no longer needs to hide away in the impenetrable and mysterious labyrinths of alchemy: everything is now carried out in the light of day and the firm shows all the numerous visitors to the factory the quality of its cocoa leaves… Prof. Mantegazza has shown that chewing 2-3 grams of cocoa strengthens your nerves, makes you feel more active, stronger, more agile and willing to work….so that you can even enjoy the pleasures in life without being accused of indulging in a vice like alcohol". The times have certainly changed!
In actual fact, small does of the cocoa plant were already found in drinks in the late-19th century, including the most famous of all: Coca Cola.

1

3

2

1. COCA BUTON - 1920
35x50 (C)
Un' inusuale immagine, in cui è la donna a tentare un uomo cinico e distaccato che fuma.
An unusual image of a woman trying to tempt a cynical man smoking casually.

2. COCA BUTON - 1920
50x35 (C)
Tessari
Il tocco esotico, che molto affascinava all'inizio del secolo, caratterizza molte delle opere di Tessari.
Many of Tessari's works have that exotic touch that was so popular in the early century.

3. AMARO BUTON - 1920
25x17 (C)
Metalgraf
Busi
Un esempio di pubblicità religiosa, dove il cardinale Lambertenghi presta la sua immagine a un prodotto, evento impensabile ai giorni nostri!
An example of religious advertising, as Cardinal Lambertenghi lends his image to a product, something that could never happen nowadays!

Il liquore Strega fu creato da Giuseppe Alberti, un commerciante di vini, dopo che fu costretto a fuggire a Benevento, a causa delle idee troppo liberali e antiborboniche del padre e in seguito ai moti carbonari nel Regno delle Due Sicilie.
Egli ebbe la geniale idea di abbinare la nascita del suo liquore al mito locale secondo cui esisteva un filtro d'amore preparato dalle streghe per unire le coppie che lo bevevano: nasceva così il liquore Strega la cui ricetta, segreta, viene tramandata da generazioni.
Il liquore Strega viene citato in film storici del cinema italiano come *Ossessione, Matrimonio all'italiana, Ieri, oggi e domani.*

The liqueur Strega was created by Giuseppe Albeti, a wine merchant, after he was forced to flee to Benevento because of his father's anti-Bourbon and excessively liberal ideas and in the wake of Carboneria insurrections in the Kingdom of the Two Sicilies.
He had the ingenious idea of associating his liqueur with the local legend that there was a love filter prepared by witches capable of bringing together couples who drank it: hence the liqueur Strega came into being, whose secret recipe was passed down the generations.
The Strega liqueur was mentioned in famous old Italian films like Ossessione, Matrimonio all'italiana, Ieri,oggi e domani.

1

3

2

1. LIQUORE STREGA - 1900
50x35 (D)
Gentilini
Un'immagine splendida, in cui la donna in deliquio osserva il liquore che con leggerezza (e antigravitazionalmente!) fluisce nel bicchiere.
A magnificent image of a swooning woman stirring at the liqueur as it gently (and against the law of gravity!) pours into the glass.

2. LIQUORE STREGA - 1920
48x33 (D)
Metalgraf
Dudovich
Nel classico stile grafico di Dudovich uno splendido viso di donna.
A classic drawing in the typical Dudovich style representing a wonderful woman.

3. LIQUORE STRENNA - 1910
49x22 (C)
Metalgraf
Ecco un prodotto che, imitandone un altro più famoso per assonanza (liquore Strega), cerca di sottrargli una quota di mercato, imitandone anche la bottiglia.
Here is a product which, copying a more famous name (Strega liqueur), is trying to steal part of its market, even copying its bottle.

1

2

3

4

5

6

1. STABILIMENTO ENOLOGICO DON - 1930
50x35 (C)
Metalgraf
La donna questa volta è rapita dall'aroma e si perde in un mondo inebriante di sogni.
This time the woman is entranced by the flavour and is lost in an inebriating world of dreams.

2. STABILIMENTO ENOLOGICO DON - 1920
50x35 (C)
Metalgraf
Una leggiadra ballerina con un tocco sensuale (si intravede la giarrettiera) propone il vino della Don, che ha scelto per la sua pubblicità delle immagini che suscitino leggerezza.
A graceful dancer with a sensual touch (we can just glimpse her garter) is offering Don wine, which has chosen images evoking lightness for its advertising campaign.

3. FERNET BRANCA - 1914
52x35 (C)
De Andreis
Tessari
La classica contadinella con cui Tessari vinse dei concorsi d'arte e che ricorre molto spesso nelle sue immagini pubblicitarie.
The famous peasant woman with which Tessari won art competitions and which very often crops up in his advertising images.

4. VERMOUTH NOÈ - 1930
34x22 (B)
De Andreis
Una commistione di sacro (Noè) e profano (Bacco).
A mixture of the sacred (Noah) and profane (Bacchus).

5. COGNAC LA VICTOIRE RAMAZZOTTI - 1920
43x32 (C)
De Andreis
Malerba
Un'immagine nello stile di Dudovich, che già si era imposto con la sua tipologia grafica e quindi era molto imitato.
A Dudovich-style image, whose graphics were a big hit and often copied.

6. COGNAC TENERELLI - 1910
48x32 (C)
De Andreis
Guerzoni
Guerzoni caratterizzò spesso le sue donne mettendole di tre quarti con visi dolci e ammiccanti senza essere mai volgari.
Guerzoni often opted for three-quarter images of women with sweet pouting faces that were never crude.

1

2

3

4

1. LIQUORE ELENA PELUSO - 1920
24x34 (A)
Metalgraf
Un'immagine un po' scontata e retrodatata, quasi a indicare da quanto tempo esisteva il prodotto.
A rather predictable and old-fashioned image, as if to point out how long the product has been around.

2. VERMOUTH CORA - 1930
46x34 (C)
Metalgraf
Krauss
Una classica grafica Decó molto lineare ed essenziale, ma di grande impatto visivo.
Classic Deco graphics, very linear and simple but visually striking.

3. MESSICANO SARTI - 1920
40x30 (C)
Polverini
Caldanzano
Come spesso accade con le immagini di Caldanzano si ha il senso del movimento e un forte impatto cromatico.
As is often the case with Caldanzano's images, there is a feeling of movement and plenty of striking colours.

4. VERMOUTH CORA - 1920
70x50 (D)
De Andreis
Maga
Un'immagine stilisticamente innovativa, creata dallo studio Maga, alla continua ricerca di immagini nuove e non scontate.
A stylistically innovative image created by the Maga firm, in its constant quest for new and less bland images.

Fu fondata nel 1863 da Alessandro Martini e Teofilo Sola con la denominazione di Martini, Sola & C.
In seguito si unì Luigi Rossi, e con il ritiro di Sola nel 1871 la fabbrica cambiò denominazione in Martini & Rossi.
Si affermò per la produzione di prodotti originali quali l'Asti Spumante, l'Elixir China (che diventerà la China Martini), la Lachrima Christi (che diventerà la Riserva di Montelera), il Martini Secco (che sarà noto in tutto il mondo come Martini Dry).
Nel 1992 si ebbe la fusione con il gruppo Bacardi.

Set up by Alessandro Martini and Teofilo Sola in 1863 under the name of Martini, Sola & C.
Luigi Rossi soon joined and when Sola retired in 1871 the factory changed its name to Martini & Rossi.
It gained a reputation for original products like Asti Spumante, Elixir China (later known as China Martini), Lachrima Christi (which became Riserva di Montelera), and Martini Secco (famous around the world as Martini Dry).
It merged with the Bacardi group in 1992.

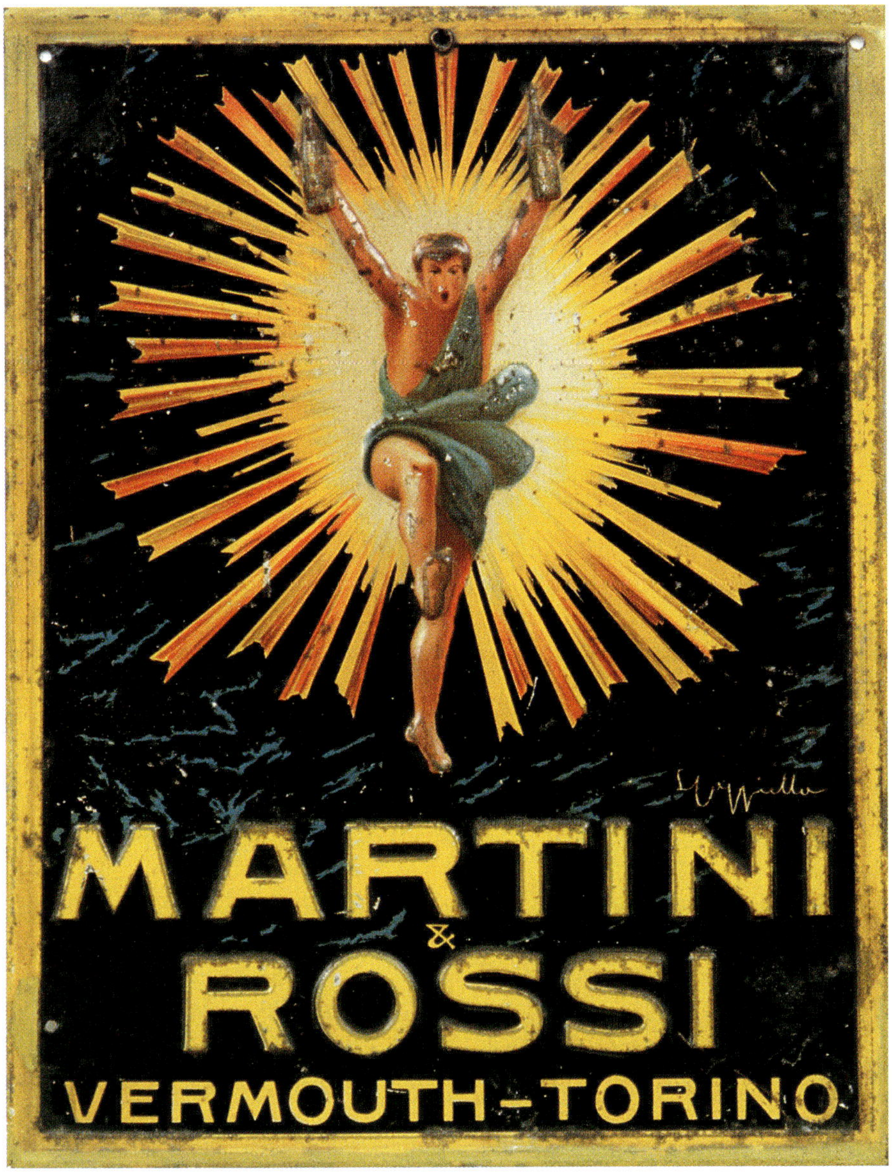

1

2

3

1. MARTINI & ROSSI - 1920
28x22 (D)
Cappiello
Una delle immagini più famose di quel grande genio pubblicitario che fu Leonetto Cappiello.
La forza esplosiva della bevanda è simboleggiata dall'uomo che uscendo dal sole propone i prodotti della Martini & Rossi.
One of the most famous images by Leonetto Cappiello, a real advertising genius. The drink's explosive force is symbolised by the man in a sun-like frame offering Martini & Rossi products.

2. MARTINI & ROSSI - 1910
35x25 (C)
Coen
Occhipinti
Gli araldi annunciano al mondo la bontà del liquore.
Heralds announce to the world how good the liqueur is.

3. MARTINI & ROSSI - 1900
36x43 (C)
De Andreis
Il prodotto parla da sé, associato agli splendidi grappoli d'origine.
The product speaks for itself and is associated with the magnificent grapes it comes from.

Verso la metà dell'Ottocento Carlo Alberto di Savoia fece costruire vaste cantine sotterranee a S. Vittoria d'Alba per la lavorazione delle uve provenienti dai suoi possedimenti. Distratto dagli impegni politici fece sospendere la costruzione e il fabbricato rimase abbandonato per anni.
Nel 1884 Francesco Cinzano affittò questi possedimenti per incrementare la produzione del vermouth. L'impulso a tutta l'attività fu immediato: barolo, barbera, moscati e spumanti acquisirono grande fama. La Cinzano fu all'avanguardia in molte attività: il primo impianto frigorifero in un impianto enologico (1904), il primo areo utilizzato per fare pubblicità (1911) lanciò su Milano dischetti promozionali, e affidò a grandi artisti come Cappiello le sue campagne pubblicitarie (1910). Nel 1929 acquisì la Florio, monopolizzando praticamente il mercato del Marsala, e in seguito la Bisleri.

Towards the mid-19th century, Carlo Alberto of the House of Savoy had vast underground cellars built at S. Vittoria d'Alba to treat the grapes off his land. Distracted by political engagements he stopped the building work and the premises were left abandoned for years.
In 1884 Francesco Cinzano rented the land to increase his vermouth production. The business soon boomed: barolo, barbera, muscats and sparkling wines all gained a great reputation.
Cinzano was at the cutting-edge of all kinds of business: the first to use refrigeration units in a wine-making plant (1904), the first to use a plane for advertising purposes (1911), which launched promotional disks in Milan and commissioned great artists like Cappiello for its advertising campaigns (1910).

1

4

2

3

1. CINZANO - 1920
90x60 (E)
Metalgraf
Cappiello
Forse la zebra rossa è l'immagine iconograficamente più nota realizzata dal disegnatore.
This red zebra is possibly this commercial artist's best known image.

2. CINZANO - 1920
90x60 (E)
Metalgraf
Cappiello
Le bandiere sono simbolo d'internazionalità, inserite in un oggetto (la bottiglia) antropomorfizzato.
Flags symbolise internationalism in an anthropomorphised object (bottle).

3. VERMOUTH FERRERO - 1930
70x50 (D)
De Andreis
Maga
Un'altra produzione dello studio Maga: un'immagine semplice eppure destinata a fissarsi nell'immaginario.
Another of the Maga firm's products: a simple image that somehow sticks in the mind.

4. AMARO GAMBAROTTA - 1920
diametro 40 (D)
Una donna splendida, con i tipici copricapo che solo le donne molto ricche potevano permettersi.
A magnificent woman wearing the kind of distinctive headgear that only the very rich could afford.

1

2

3

1. MARSALA FLORIO - 1910
48x34 (D)
De Andreis
Guerzoni
Forza e gentilezza, una pubblicità che riunisce due delle immagini pubblicitarie classiche d'inizio secolo, la donna e il leone.
Power and gentleness, an advertisement combining the two classic early-century advertising images of a woman and a lion.

2. MARSALA FLORIO - 1930
48x34 (C)
In questa immagine, realizzata per il mercato estero, la donna viene rappresentata in un costume regionale per meglio caratterizzarne l'origine.
In this image, designed for the foreign market, a woman is shown in regional costume to bring out her origins.

3. MARSALA FLORIO - 1920
34x48 (C)
De Andreis
Ancora una volta il leone domina la targa. All'inizio del secolo XX leoni, tigri ed elefanti erano animali molto esotici sia nei circhi che negli zoo e quindi suscitavano molto la fantasia popolare.
Once again the lion is the most distinctive feature of the plaque. At the start of the 20th century, lions, tigers and elephants were highly exotic animals seen in circuses and zoos and really captured the public's attention.

Il marsala nasce dall'incontro nei primi dell'Ottocento tra il vino siciliano Perpetuo e il commerciante inglese John Woodhouse. Questi si era innamorato di quel vino prodotto nelle colline intorno a Marsala, e per portarlo in nave in Inghilterra senza che si deteriorasse lo arricchì con alcol (pratica già adottata per altri vini come lo Xeres e il Porto). In Inghilterra il successo fu tale che Woodhouse tornò in Sicilia a impiantare un suo stabilimento per la produzione del "Marsala Wine", che trovò nell'ammiraglio Nelson un suo fortissimo estimatore, tanto da prevederlo nelle razioni di vino per i suoi equipaggi. Il passo successivo fu l'arrivo alla corte d'Inghilterra, dove ancora oggi questo vino viene apprezzato. Gli stabilimenti di Woodhouse, così come quelli di Ingham (un altro inglese partito con l'idea di produrre Marsala), erano delle vere e proprie fortezze per difendersi dai pirati, strutturate come delle antiche masserie che ospitavano proprietari, collaboratori, contadini e operai. Fu però Vincenzo Florio, calabrese di nascita ma siciliano d'adozione, a cambiare nel 1833 il volto economico e industriale della Sicilia. Partito da uno stabilimento situato tra i due colossi inglesi, diede impulso alla tecnica vinicola, alla organizzazione produttiva, alla preparazione tecnica degli addetti ai lavori, e la sua opera fu proseguita con successo dal figlio Ignazio. Essi fondarono industrie e divennero armatori, fino a possedere 99 navi: quello fu il momento di maggior fama del Marsala e della sua massima diffusione nel mondo. Nel 1929 la Cinzano acquistò tutti gli stabilimenti per la produzione del marsala in Sicilia, produzione che prosegue ancora oggi.

Marsala was created in the early-19th century when the Sicilian wine Perpetuo encountered the English tradesman John Woodhouse. Woodhouse fell in love with the wine grown on the hillsides around Marsala and in order to ship it over to England without it spoiling he added extra alcohol (already familiar practice for other wines like Xeres and Port). It was so popular in England that Woodhouse went back to Sicily to set up a production plant for "Marsala Wine", which Admiral Nelson was extremely fond of, so much so that he included it in the wine rations for his crews. Next it met with the liking of the Court of England, where it is still very popular today. Woodhouse's plants and also Ingham's (another Englishman keen to produce Marsala) were authentic fortresses to fight off pirates, built like old farmsteads to accommodate the owners, assistants, peasants and workmen. It was Vincenzo Florio, born in Calabria but Sicilian in descent, who changed the economic-industrial face of Sicily in 1833. Starting from a plant situated between the two huge English firms, he injected fresh life into wine-making, production management, and even the technical training of his staff, and his work was carried on by his son Ignazio. They set up firms and became ship-builders, eventually owning 99 ships: this was when Marsala was at its peak and most popular all over the world.
In 1929 Cinzano bought all the Marsala production plants in Sicily, where work still continues today.

1. MARSALA GRIGNANI e TUMARELLO - 1900
34x38 (D)
Sauper & Bush
Caratteristica di questa targa è lo "sportello" anteriore che veniva usato per riporre i biglietti: un esempio di pubblicità "funzionale".
The distinctive feature of this plaque is the front "counter" used for holding tickets: an example of "practical" advertising.

2. MARSALA GRIGNANI E TUMARELLO - 1900
35x50 (D)
De Andreis
Riprendendo lo stile grafico delle targhe usate a fini promozionali, la De Andreis propone un gruppo di famiglia che con gioia accoglie il capofamiglia che arriva con la bottiglia di liquore.
Drawing on the style of graphics used for promotional purposes, De Andreis has designed a family welcoming home the head of the household, who turns up with a bottle of liqueur.

1

2

La storia del vino risale agli albori dei tempi. Già nella Bibbia viene citato l'episodio di Noè che, tornando sulla terraferma dopo il diluvio, pianta una vigna e ne ricava del vino.
Presso gli Egizi numerosi geroglifici ci indicano le tecniche di produzione e conservazione, ma fu attraverso Greci e Fenici che il vino si diffuse in Europa e attraverso i Romani in Europa settentrionale. Nel II secolo grandi vigneti incominciarono a insediarsi nel Monferrato e in Francia.
Nel Medioevo, la produzione del vino, che era sinonimo di ricchezza e prestigio, fu affidata agli ordini monastici. I benedettini, in particolare, si distinsero per l'eccellente produzione del loro vino.
Nel XIX secolo, dopo l'epidemia di filossera, un parassita che attacca e distrugge le radici della vite europea, quasi tutti i vigneti europei furono distrutti o danneggiati; si dovette perciò innestare la vite europea sulla radice americana immune dal parassita. In Italia, negli ultimi anni, una cura sempre maggiore della produzione ha portato i vini su livelli di eccellenza, rendendo pian piano una bottiglia di vino sempre più simile a un'opera d'arte.

The history of wine stretches back to the beginning of time. The Bible tells us of Noah planting a vineyard and growing wine after returning to dry land in the wake of the great flood. There are also plenty of Egyptian hieroglyphics showing wine production and preservation techniques, but it was really the Greeks and Phoenicians who spread wine to Europe, and then the Romans who introduced it to northern Europe.
In the 2nd century large vineyards started to appear in the Monferrato region and in France.
In the Middle Ages wine production was synonymous with wealth and prestige and it was entrusted to monastic orders. The Benedictines in particular produced wine of outstanding quality.
In the 19th century, after a plague of parasites attacked and destroyed the roots of European vines, almost all the vineyards in Europe were either damaged or completely devastated; this meant that European vines had to be grown from American roots that were immune to the parasite.
Increasing attention to production in Italy over recent years has raised the standard of wines, so that a bottle of wine is becoming more and more like a work of art.

1

2

3

4

1. AJMAR - 1930
49x28 (A)
De Andreis
L'immagine del piccolo fauno associato all'uva ricorre spesso nella pubblicità dei vini.
The image of a small faun associated with grapes is a real leit-motif in advertising for wines.

2. LIQUORI VIGO & DOCCIOLI - 1920
50x70 (D)
De Andreis
Guerzoni
Un'altra splendida donna di Guerzoni, che offre da bere.
One of Guerzoni's splendid women offering drinks.

3. VINO PROTTO - 1920
70x50 (D)
Era abbastanza inusuale che venissero usate immagini di bambini per pubblicizzare prodotti diversi dai dolciumi. Curiosamente, immagini di bambini vennero usate anche per pubblicizzare la birra.
It was quite unusual to use pictures of children to advertise products other than sweets. Strangely, pictures of children were also used for advertising beer.

4. VINI FINI - 1930
100x70 (B)
Metalgraf
Di questa targa, splendida per dimensioni e colori, furono trovate alcune centinaia di esemplari dopo l'ultima alluvione del Monferrato. Ciò spiega il valore ridotto rispetto alla bellezza della targa.
A few hundred specimens of this magnificent plaque, in terms of its size and colours, were found after the most recent flood in Monferrato. This is why it is not that valuable despite how beautiful it is.

1

2

1.2. BITTER E CORDIAL CAMPARI
1900
56x40 (E)
Cellograf
Villa
Due splendide donne di Aleardo Villa, illuminate dalla luce filtrata dalle due bottiglie, rossa per il Bitter, gialla per il Cordial.
Two magnificent women designed by Aleardo Villa framed in the light streaming through two bottles, a red one for Bitter and yellow for Cordial.

3. VINO PROTTO - 1920
50x35 (B)
De Andreis
Tessari
La scritta litografata in corsivo sopra la classica contadinella è voluta per rendere la targa più “rustica”.
The lithographic writing in italics above the familiar old peasant woman is designed to make the plaque more “rustic”.

4. MOSCATO BECCARO - 1930
49x34 (A)
De Andreis
Essenziale, ma molto bella questa immagine in cui due mani spremono il “nettare” d’uva direttamente nel bicchiere.
This is a very simple but beautiful image showing two hands squeezing the grape “nectar” straight into a glass.

5. CANTINA SOCIALE PRODUTTORI STRADELLA - 1910
38x25 (C)
Ranci
In poco spazio il grafico è riuscito a inserire tutti gli elementi caratterizzanti:
vite, donna , fabbrica, cantina.
The graphic artist has managed to get all the key features in a small space: vines, woman, plant, cellar.

4

3

5

1

2

1. SPUMANTI TARICCO - 1930
32x14 (A)
Metalgraf
In sostituzione di una donna, questa volta è un più classico *maître* a offrire un buon vino.
Instead of a woman, this time it is a more conventional maître *serving a fine wine.*

2. APERITIVO PINOCCHIO - 1930
34x24 (E)
Metalgraf
LUPA (Luigi Paradisi)
Una delle targhe più preziose sia per la fragilità intrinseca, sia per la presenza del pinocchio, argomento di grande interesse collezionistico.
One of the most valuable plaques for its inherent fragility and the presence of Pinocchio, a real collector's item.

1

2

5

4

6

3

7

1. APERITIVO BENVENUTI - 1930
diam.34 (A)
La mano aperta amplifica il messaggio che invita a provare il prodotto.
The open hand reinforces the invitation to try the product.

2. LIQUORI COLOMBO - 1930
40x30 (B)
De Andreis
Divertente e inusuale l'idea di mettere un uomo in pigiama a pubblicizzare dei prodotti alcolici.
The amusing and unusual idea of using a man in pyjamas to advertise alcoholic products.

3. CORDIAL GAUDINA - 1900
49x16 (B)
Una targa semplice, in cui sono molto curati l'equilibrio grafico e il cromatismo.
A simple plaque paying careful attention to graphics and colours.

4. MARSALA SOM - 1910
35x25 (B)

5. LIQUORI MARTINI - 1930
35x25 (A)

6. CORDIAL GAUDINA - 1920
33x26 (B)
Metalgraf
La più classica delle immagini Liberty, molto influenzata dallo stile di Mucha.
The most classic of Liberty images, highly influenced by Mucha's style.

7. MOSCATO SOLARO - 1910
50x35 (A)
De Andreis

1

2

3

4

5

6

1. FERNET BRANCA - 1930
38x26 (B)
Metalgraf

2. AMARO SAVOIA - 1900
43x34 (B)

3. GRAPPA NARDINI - 1900
48x37 (C)
Ranci

4. LIQUORI BETITONI - 910
50X35 (C)
Marazza

5. SPUMANTI DIONIS - 1910
45X30 (B)
Metalgraf

6. SPUMANTI BORSA -1920
35X25 (B)
De Andreis

1

2

3

4

5

6

1. SERRAVALLO - 1930
40x25 (A)
De Andreis

2. SERRAVALLO - 1930
50x25 (A)
Passero

3. OTTOZ - 1920
52x17 (A)
Metalgraf

4. AMARO SERAFINO - 1920
54x18 (A)
Metalgraf

5. ELISIR CHANOUXIA - 1910
46x18 (A)
De Andreis

6. MARSALA HOOPS - 1920
38x58 (B)
De Andreis

Birre

Beers

La birra era già nota in quasi tutte le antiche civiltà, come risulta dalle testimonianze presso gli Egizi, gli Assiro-Babilonesi, gli Atzechi,e gli Indios del Brasile.

A partire dal XVI secolo la produzione era caratteristicamente locale: molte famiglie la producevano per sé e per rivenderla ai propri vicini. Non esistevano allora grossi centri produttivi perché non era economicamente vantaggioso il trasporto sulle strade di allora: la birra è un prodotto voluminoso in rapporto al suo valore, relativamente basso.

Fu con lo sviluppo dei canali fluviali prima e delle ferrovie dopo che si ebbe un consistente impulso al commercio della birra in un ambito territoriale più ampio.

Altra importante conquista per la sua commercializzazione fu la refrigerazione messa a punto alla metà dell'Ottocento.

There is plenty of evidence that beer has been with us ever since the days of the Egyptians, Assyrians-Babylonians, Aztecs and Brazilian Indios.

Production was typically local from the 16th century onwards: lots of families produced their own and sold it to their neighbours. There were no major production places back then, because road transport was not economically viable: beer is bulky in relation to its relatively low value.

It was only with the development of canals and then railways that the beer trade was extended over wider areas.

The invention of refrigeration in the nineteenth century also provided a big boost to the beer industry.

1

2

3

4

5

1. BIRRA MILANO - 1910
31x38 (D)
La maschera meneghina, tipica di Milano, offre la sua birra al Re della Birra in una buia cantina.
A costumed figure, wearing the typical Milanese mask, offers his beer to the King of Beer in a dark cellar.

2. BIRRA CERVISIA - 1920
48x30 (D)
Una donna con lo sguardo invitante offre dei boccali traboccanti di birra delle due qualità prodotte dalla Cervisia.
A woman with an enticing expression on her face offers two overflowing tankards of the two qualities of beer produced by Cervisia.

3. BIRRA DURIO - 1920
diam.41 (A)
Metalgraf

4. BIRRA BOSIO & CARATSCH - 1920
25x40 (B)
Metalgraf
È stata la prima fabbrica di birra sorta in Italia. Fondata nel 1845 da Giacomo Bosio e dallo svizzero Simone Caratsch,la sua attività durò poco più di un secolo.
The first brewery to be built in Italy. Set up in 1845 by Giacomo Bosio and Simone Caratsch from Switzerland.

5. BIRRA AGUSTONI - 1900
35x50 (D)
De Andreis
Il Re della Birra campeggia nella targa che mostra i luoghi di produzione di questa birra scomparsa all'inizio del secolo.
The King of Beer appears on the plaque, which shows where this beer used to be produced until the beginning of last century.

1

2

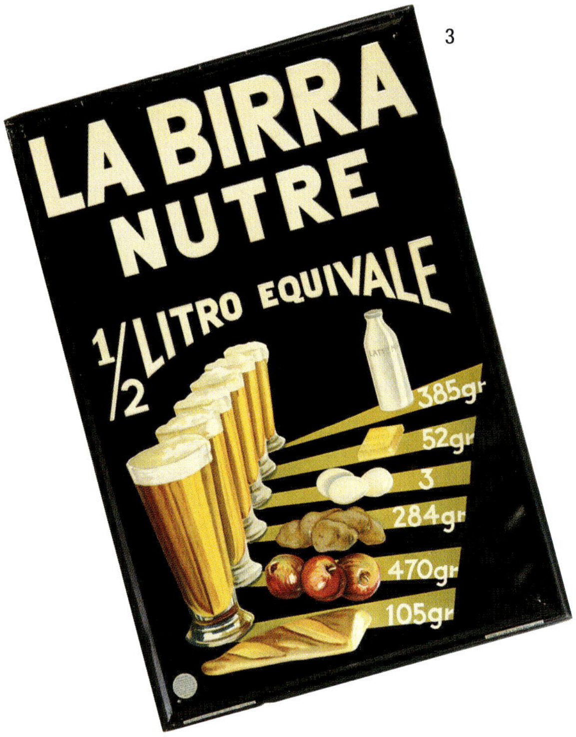

3

4

5

1. BIRRA GROBNER - 1910
50x35 (D)
De Andreis

2. BIRRA PERONI - 1910
50x35 (D)
De Andreis
Tessari
Due immagini simili di bambini in abiti tipici locali che tengono ben stretto il boccale di birra.
Two similar images of children in local costume holding a tankard of beer.

3. LA BIRRA NUTRE - 1930
100x70 (E)
Metalgraf
Realizzata dalla cooperativa dei produttori di birra, questa immagine di grande impatto grafico ci mostra i vantaggi nutritivi della birra.
This graphically striking image designed by the co-operative of breweries shows the nutritional benefits of beer.

4. BIRRA NAPOLI - 1930
25x35 (D)
Metalgraf
Mauzan
Un paggio molto caricaturale come nello stile di Mauzan regge il boccale di birra.
A highly caricaturised page reminiscent of Mauzan's style holds a tankard of beer.

5. BIRRA RONZANI - 1930
20x35 (B)
Metalgraf
Nadalini

1

2

3

4

5

6

7

8

9

11

12

10

1. BIRRA DREHER - 1930
24x42 (B)
Saturnia

2. BIRRA DREHER - 1930
50x24 (B)
Saturnia

3. BIRRA PERONI - 1930
30x40 (A)
Metalgraf

4. BIRRA BORINGHIERI - 1910
28x49 (C)
Metalgraf

5. BIRRA METZGER
1920
Diam. 34 (A)
Metalgraf

6. BIRRA PALLANZA
1930
12x24 (B)

7. BIRRA RAFFO - 1920
35x25 (D)
Anche se di attribuzione non certa, l'immagine quasi caricaturale potrebbe essere di Mauzan.
Although we cannot be certain, this almost caricature-style image might well be by Mauzan.

8. BIRRA DREHER - 1920
35x100 (D)
Passero
Scolari
L'immagine del cameriere di Scolari è senza dubbio quella più potente dal punto di vista iconografico di questo prodotto.
Scolari's picture of a waitress is certainly the most powerful image used to advertise this product.

9. BIRRA MILANO - 1920
25x50 (B)
Metalgraf

10. BIRRA MICHEL - 1920
20x50 (A)

11. BIRRA PIEMONTE - 1920
35x40 (A)

12. BIRRA PERONI - 1910
41x31 (B)
De Andreis

Estratto di carne
Meat extract

A metà dell'Ottocento il chimico tedesco Julius Von Liebig inventò un metodo per conservare la carne riducendone le dimensioni ma senza disperdere l'alto potere nutritivo, nasceva così l'estratto di carne. Una ditta inglese che era proprietaria di grandi allevamenti bovini in Sudamerica intuì subito le grandi potenzialità dell'invenzione e propose a Von Liebig la costituzione di una società che prendesse il suo nome.
Per pubblicizzare un prodotto così innovativo per quei tempi, si pensò di stampare delle figurine, metodo pubblicitario allora molto in voga, da quando il sig. Boucicant, proprietario dei grandi magazzini Bon Marchè, aveva preso l'abitudine di distribuire figurine cromolitografiche ai bambini ogni giovedì.
La pubblicazione delle figurine Liebig iniziò nel 1870 e terminò nel 1975, con una produzione di quasi dodicimila serie, diffusa in tutta Europa quasi sempre in serie da sei, suscitando un interesse collezionistico in migliaia di persone e superando di gran lunga in fama il prodotto che reclamizzava.
In Italia si dedicarono alla produzione dell'estratto di carne ditte come la Arrigoni, la Biasioli, la Pisonis e altre.
Anche la Arrigoni fu legata al mondo delle figurine: a un suo concorso appartiene la figurina più rara e preziosa mai pubblicata in Italia, la Donna Fatale dell'album di Topolino anni Trenta.

1

In the mid-19th century the German chemist Julius Von Liebig invented a method for preserving meat by shrinking it without losing its high nutritional value, this is how meat extract came into being.
An English firm, which owned large live-stock farms in South America soon realised just how important this invention was and suggested setting up a firm with (and named after) Von Liebig.
It was decided that the best way to advertise such an innovative product back then would be to print cards, a very popular means of advertising at the time, ever since Mr. Boucicant, who owned the Bon Marché department stores, started handing out chromolithographed cards to children on Thursdays.
Liebig cards first came out in 1870 and stopped being printed in 1975 after almost twelve-thousand sets had been produced and distributed all over Europe, almost always in groups of six and capturing the interest of thousands of collectors. They ended up being much better known than the product they advertised.
In Italy meat extract was manufactured by firms like Arrigoni, Biasioli, Pisonis and a number of others.
Arrigoni was also linked with the world of collector's cards: one of its competitions involved the rarest and most valuable card ever printed in Italy, the Dark Lady from the 1930s Mickey Mouse album.

2

3

1. LIEBIG - 1900
50x35 (E)
Fantastica targa di grande impatto visivo, in rilievo, con una donna e il classico toro della Liebig al di sopra del prodotto finale.
Magnificent, visually striking, embossed plaque showing a woman and Liebig's famous bull above the end product.

2. ESTRATTO DI CARNE LIEBIG - 1920
50x35 (E)
Metalgraf
A.L.Sacchi
La donna in questo caso non occhieggia all'acquisto del prodotto, ma è completamente concentrata nella preparazione di succulenti piatti in cui domina la figura del barattolo.
In this case the woman is not inviting people to buy the product, she is fully concentrated on preparing succulent dishes with the can in the foreground.

3. ESTRATTO DI CARNE LIEBIG - 1910
35x50 (E)
Metalgraf
Tutte le donne del mondo usano prodotti Liebig!
All women in the world use Liebig products!

1

2

3

4

1. ESTRATTO DI CARNE ARRIGONI
1920
24x35 (D)
Passero
Pollione Sigone
Un'altra immagine pubblicitaria potente e originale, in cui è implicita nella tigre la forza del prodotto.
Another power and original advertising image showing a tiger to symbolise the product's power

2. ESTRATTO DI CARNE TORO
1920
9x16 (A)
Maggiarotto

3. ESTRATTO DI CARNE BIASIOLI
1920
17x33 (A)
Gattorno

4. BRODO FAMOS - 1910
15x35 (A)
Metalgraf

Cibi conservati
Preserved foods

Conservare un alimento si è rivelato sin dall'antichità uno strumento essenziale per la sopravvivenza. Il commercio di pesce salato si faceva già nell'antico Egitto ed era noto ai Fenici, così come l'uso di sostanze chimiche naturali (resine e balsami) come protettivo era già noto ai Romani.
Ma fu il pasticciere Nicolas Appert a inventare nel 1796 i moderni metodi di conservazione. Due furono le sue intuizioni fondamentali: il riscaldamento in acqua bollente e la chiusura ermetica del vaso in fase di bollitura.
Pochi anni dopo (1810) Durand, in Inghilterra, brevettò un metodo per la conservazione mediante riscaldamento in recipienti di latta, ma non sfruttò il brevetto e lo cedette a Donke e Hall, i quali applicarono la saldatura del coperchio a fine cottura: nasceva il cibo in scatola.
Nel 1824 la ditta Gamble fornì 10.000 scatole di vitello arrosto al capitano Parry, che cercava un passaggio per le Indie attraverso il Polo Nord. 114 anni dopo fu ritrovata una di queste scatole, il cui contenuto si presentava ancora conservato.

Preserving food has always be vital for survival ever since ancient times. The salted fish trade was already in business back in Ancient Egypt and was also known to the Phoenicians, just as the use of natural chemicals (resins and balsams) was well known to the Romans.
But it was the delicatessen Nicolas Appert who invented modern food preservation techniques in 1796. He had two crucial ideas: heating in boiling water and hermetically sealing the vase while it was boiling.
A few years later in England (1810), Durand patented a preservation method by heating in tin receptacles, but he did not bother with the patent and handed it over to Donke and Hall, who introduced sealed lids after cooking: tinned food had been invented. In 1824 Gamble supplied Captain Parry with 10,000 tins of roast veal, as he set about finding a passage to the Indies across the North Pole. 114 years later one of these tins was found with its contents still perfectly preserved.

1

1. TONNO ALL'OLIO TENORIO
1890
24x33 (C)
De Andreis
Non c'è rapporto tra figura e messaggio pubblicitario, ma la targa è bellissima per l'immagine sportiva rappresentata.
The figure is totally unrelated to the advertising message, but the plaque shows a magnificent sporting image.

2

2. S.A. CONSERVE ALIMENTARI
1920
65x49 (C)
Passero
Interessante dal punto di vista storico per la presenza dei prodotti nelle scatole di latta di allora.
Historically interesting for showing how the products were kept in tins back then.

3

3. SOCIETÀ MIRANDOLESE CONSERVE - 1920
34x48 (C)
Metalgraf
La conserva si "amalgama" bene con la frutta sottolineandone la freschezza.
The jam "mixes" well with fresh fruit.

Olio alimentare
Cooking oil

I frantoi più antichi sono stati trovati in una regione tra il Caucaso, l'altopiano iraniano e le coste di Siria e Palestina, un territorio nel quale si fa risalire l'origine dell'olivo.
L'olio d'oliva e le sue virtù erano già descritti nel codice di Hamurabi e veniva commercializzato dai Babilonesi. L'olivo, che sin dall'antichità ha simboleggiato pace, fecondità, forza e purificazione, fu portato in Italia dai Greci (Omero ne definì l'olio "oro liquido") e la sua coltivazione si diffuse tra gli Etruschi e, in seguito, tra i Romani, sia per le sue caratteristiche alimentari sia perché era un importante combustibile.
Nel Medioevo la coltura dell'olio si diffuse in tutta Italia, entrando a far parte del suo patrimonio paesaggistico, soprattutto meridionale.
Anche nel Terzo millennio l'olio d'oliva costituisce una componente fondamentale della dieta mediterranea, che riduce il tasso di malattie cardiovascolari.

The oldest olive presses were found in a region between Caucasus, the high plains of Iran, and the coasts of Syria and Palestine, the land where oil is thought to have originally come from. Olive oil and its fine properties were already described in the Hamurabi Code and were marketed by the Babylonians. The olive branch, which has always symbolised peace, fecundity, strength and purification ever since ancient times, was brought to Italy by the Greeks (Homer called this oil "liquid gold"), and it was widely grown by the Etruscans and then the Romans, due to both its nutritional properties and because it was an important fuel.
Olive oil was produced all over Italy by the Middle Ages, becoming an integral part of the landscape, particularly in the south.
In the Third Millennium, too, olive oil is a key part of the Mediterranean diet, helping reduce the number of cardiovascular illnesses.

1

2

3

1. OLIO CARLI - 1930
100x70 (D)
De Andreis
Sulle colline liguri l'olivo e la donna ci ricordano le origini naturali del prodotto reclamizzato.
Up in the hills, olive oil and a woman remind us of the natural origins of the product being advertised.

2. OLIO D'OLIVA - 1900
18x18 (A)
La donna versa nell'ampolla il prezioso olio per meglio centellinarlo.
A woman pours the precious oil into a cruet to savour it better.

3. OLIO BERIO - 1930
35x25 (B)
Renzetti
Maga
Una curiosa proposta pubblicitaria nello stile dello studio Maga.
A strange advertising idea in the Maga agency's style.

Estratto di pomodoro
Tomato extract

L'origine della pianta del pomodoro è sudamericana, giacché essa era molto diffusa in Messico e Perù già in epoca precolombiana. Con l'invasione spagnola del XVI secolo giunse in Europa, ma solo, nei primi tempi, come pianta ornamentale, in quanto era stata classificata dagli erboristi come velenosa.

I primi a fare uso del suo frutto furono gli alchimisti, che l'adoperavano in filtri magici per supposti poteri eccitanti e afrodisiaci: da ciò la dizione *pomme d'amour* divenuto pomo d'oro (ai giorni nostri il termine che lo definisce deriva dall'antico termine atzeco Tomatl). Così, fino alla fine del Seicento nessuno usò la pianta per il suo frutto commestibile, ma piuttosto come dono d'amore gentile.

In America le teorie sulla sua tossicità rimasero radicate a lungo se, come sembra, si tentò di avvelenare Lincoln proprio col pomodoro. A Napoli, invece, verso la metà del Settecento la pianta copminciò a essere usata come commestibile, e nel 1839 il napoletano Don Ippolito Cavalcanti, Duca di Buonvicino, propose di condire la pasta con il pomodoro, illustrando la prima ricetta del ragù e codificando così una usanza già largamente diffusa tra il popolo.

In nessun altro posto poteva quindi nascere la pizza, altro piatto in cui il pomodoro entra come elemento fondamentale e che è forse uno dei piatti più conosciuti al mondo.

1

2

3

The tomato plant originally comes from South America, where it was found all over Mexico and Peru back in Pre-Columbian times. After the Spanish invasion in the 16th century, it came to Europe, although, initially, only as a decorative plant because the herbalists classed it as poisonous.

The alchemists were the first to use its fruit to make magic potions allegedly containing aphrodisiacal powers: hence the term pomme d'amour *became* pomo d'oro *(nowadays, the word tomato comes from the ancient Aztec term Tomatl). So until the end of the 17th century the plant was not used for its edible fruits but as a gift of love. It was a while before the Americans acknowledge it was not toxic, so it was apparently used to try and poison Lincoln. But in Naples tomatoes started being eaten in the mid-18th century, and in 1839 Don Ippolito, Duke of Buonvicino, from Naples suggested using it to garnish pasta, producing the first recipe for a mince meat, tomato and onion sauce, which soon caught on with the locals.*

Hence this was inevitably where the pizza was invented, another type of food in which tomato is a key ingredient and now perhaps one of the most famous dishes in the world.

1. LEONARDI-LENI - 1910
12x34 (B)
Metalgraf
Il ragazzo sul pennone, il punto più alto della nave, mostra la scatola di pomodoro con orgoglio.
The boy at the top of the mast, the highest part of the ship, proudly shows off his tin of tomatoes.

2. TANZI - 1920
50x34 (C)
Metalgraf

3. TANZI - 1920
50x34 (D)
Metalgraf
Ballerio
L'immagine del demonio ricorre spesso nella grafica pubblicitaria di inizio secolo XX, meno spesso associata all'angelo.
The image of the devil crops up frequently in early-20th century advertising graphics, less frequently associated with an angel.

2

3

1

1. BARATTA - 1920
50x34 (B)
La bambina mette gli occhiali per sottolineare meglio il messaggio pubblicitario, visto che le ditte produttrici di pomodoro usano spesso scatole rosse.
The little girl puts her glasses on to underline the advertising message more effectively, seeing as tomato manufacturers often use red tins.

2. CAMARINA - 1920
24x49 (D)
Metalgraf
La donna in abiti tipici tira a fatica il carretto che porta gli eccezionali pomodori prodotti.
A woman in local costume struggles to pull along a cart carrying the exceptional tomatoes in production.

3. CONTI E RIVALTA - 1930
34x48 (D)
Metalgraf
L'immagine molto semplice ma diretta ci mostra la raccolta dei pomodori.
This simple but highly direct image shows us tomatoes being picked.

Formaggi e derivati del latte
Cheeses and dairy products

Le prime tracce del parmigiano risalgono all'epoca etrusca e romana. Boccaccio, nel *Decamerone*, narrando un'impresa di Calandrino, ne decantò le virtù, mentre nel Cinquecento, nel *De re culinaria*, un trattato allora molto noto, ne vennero descritte le proprietà medico-dietetiche.
Il metodo di lavorazione è rimasto inalterato nel tempo nelle sue parti fondamentali e la stagionatura dura tre anni.
La sua caratteristica principale è l'assoluta naturalezza, in quanto non viene aggiunto nessun elemento chimico al latte che si ottiene dalla mungitura e nel processo di invecchiamento.

The first references to Parmesan cheese date back to Etruscan and Roman times. In Boccaccio's Decameron, *while describing one of Calandrino's adventures, he sings its praises, while in the* De re culinaria *from the 16th century, a very well-known treatise back then, its medical-dietary properties are carefully described.*

1

2

3

4

5

6

1. FORMAGGI SALVINI - 1920
34x49 (B)
Metalgraf
Formaggio e pomodoro: la accoppiata vincente su ogni tipo di pasta.
Cheese and tomato: a winning combination on any kind of pasta.

2. FORMAGGI PELAGATTI - 1920
24x49 (C)
Metalgraf
Ballerio
Un'immagine delicata, ma non troppo, con il gatto in agguato perché sa che il topo non saprà resistere al profumo del parmigiano.
A delicate image, but not too delicate, showing a cat waiting in ambush, because it knows that the mouse will not be able to resist the smell of Parmesan cheese.

3. FORMAGGI PELAGATTI - 1920
diam.35 (A)
An.Alma
Anche di questa targa sono usciti alcune centinaia di esemplari.
A few hundred of these plaques were also brought out.

4. FORMAGGI BIANCHI - 1930
49x34 (C)
De Andreis
La dea della fortuna protegge chi mangia questo formaggio.
The goddess of fortune protects anybody who eats this cheese.

5. BURRIFICIO CARPI - 1920
16x34 (A)
Metalgraf

6. FORMAGGI COPECCHINI - 1910
22x41 (B)
Metalgraf

Caffè e derivati della cicoria
Coffe and chicory products

La terza volta che l'Arcangelo Gabriele scese sulla terra, dopo avere annunciato le loro gravidanze a Elisabetta e alla Madonna, fu per versare un caffè a Maometto che si "sentì la forza di disarcionare 40 uomini e di fare felici quaranta donne"!
Le origini del caffè sono perciò prettamente orientali. La sua culla fu lo Yemen intorno al Quattrocento, e da qui esso si diffuse lungo le coste del Mar Rosso, incontrando largo favore presso gli Arabi, che lo definirono "Vino dell'Islam", essendo a loro proibito di bere alcolici.
Venezia, per via dei suoi scambi commerciali con l'Islam, fu la prima città europea a conoscere il caffè, che da qui si diffuse in Europa. In origine si attribuivano ad esso proprietà medicamentose e digestive, e per questo il prezzo era elevato. Ben presto, però, nacquero le prime botteghe del caffè: la più antica d'Europa, il caffè Florian, si trova tuttora sotto i portici di Piazza S. Marco. I locali dove si beveva caffè diventarono ritrovo per incontri politici, galanti, letterari e d'affari. Con la Belle Epoque essi divennero luoghi di spettacolo: nascono il "Cafè Chantant" e da qui le "Chanteuse", le "Folies" e il "French Can can". Nel Novecento essi diventano il luogo di scambi culturali e di esperienze artistiche, soprattutto a Parigi, Milano e Roma.
Una certa fortuna ebbero in Italia, perché economici, i surrogati del caffè derivati dalla radice di cicoria, di cui la principale produttrice fu la ditta Luigi Rossa di Vercelli fondata a Vercelli nel 1858, che fu la produttrice del famoso Caffè Rossa e del Vero Estratto Olandese marca Elefante a base di caramello. Il caffè seguì il percorso inverso del cacao: dall'Europa si diffuse in Sudamerica, trovando il clima ideale per la sua coltivazione.

1

2

The third time the Angel Gabriel came down to earth, after telling Elizabeth and Mary that they were with child, was to pour a coffee for Mohammad who "felt strong enough to unsaddle 40 men and make forty women happy"!
So coffee mainly originates from the East. Its cradle was in the Yemen around the 15th century, and from here it spread along the coasts of the Red Sea, winning the favour of the Arabs, who described it as "Islam's Wine", since they were forbidden to drink anything alcoholic.
Due to its trade relations with the Islamic world, Venice was the first European city to get to know coffee, which spread from here to the rest of Europe. It was initially thought to have medicinal and digestive powers, so it was very expensive. But the first coffee shops soon appeared: the oldest in Europe called the Florian Coffee Shop, can still be found beneath the porticoes of Piazza S. Marco.
Places for drinking coffee soon became meeting grounds for politicians, gentlemen, men of letters and business men. During the Belle Epoque they turned into entertainment places: the so-called "Café Chantants" were set up and then the "Chanteuses", "Folies" and "French Can Can". In the 20th century they turned into places for exchanging cultural and artistic experiences, particularly in Paris, Milan and Rome.
By-products of coffee were quite popular in Italy, too, because they were cheap, and the main producer was Luigi Rossa di Verelli established in Vercelli in 1858, which produced the famous Caffè Rossa and the caramel-based Real Dutch Extract with the Elephant logo.
Coffee worked backwards compared to cocoa: from Europe it spread to South America, where it found an ideal climate for growing.

3

1. CAFFÈ LUIGI ROSSA - 1900
34x48 (E)
Ranci
Il sole che sorge con i viaggiatori che lo ammirano è diventato il simbolo di questa ditta insieme all'elefante.
A rising sun being admired by travellers became the symbol of this firm, together with the elephant.

2. CAFFÈ BORGHETTI -1920
50x35 (D)
De Andreis
L'abbigliamento della donna con il tricolore rimanda a un orgoglio patriottico della giovane nazione italica molto diffuso all'inizio del secolo, l'orso ci ricorda la freschezza della bevanda.
The clothing of the woman holding the tricolour flag is a proud patriotic symbol of the young nation of Italy, that was extremely popular at the beginning of the 20th century. The bear evokes the freshness of the drink.

3. CAFFÈ LUIGI ROSSA - 1890
34x25 (D)
Navoni

1

2

3

1. CAFFÈ ROUSSEAU - 1900
34x48 (D)
Metalgraf
La donna che ci guarda
ci suggerisce l'estrema voluttà
e il piacere di bere caffè.
The woman watching us evokes the great sensuous pleasure of drinking coffee.

2. CAFFÈ SATI - 1930
32x45 (B)

3. CAFFÈ CRASTAN - 1950
23x36 (A)
Marzorati
Lito-Latta
Il moretto ci ricorda l'origine
esotica del caffè.
The blackboy reminds the exotic origin of coffee.

Alimentari e varie
Foodstuffs

1

2

3

4

1. PROSCIUTTI VILLANI - 1930
35x25 (A)
De Andreis
Un esempio di grafica semplice e lineare nello stile decò.
An example of simple, linear graphics in a deco style.

2. POLVERI PER DOLCI LEVA - 1930
30x20 (A)
Metalgraf

3. OSTRICHE DI TARANTO - 1930
50x35 (B)
Metalgraf
Come non credere a questa faccia così rassicurante circa la qualità delle ostriche?
Who would not believe such a kind-looking face telling you about the properties of oysters?

4. PASTIFICIO BARONI - 1920
50x35 (D)
De Andreis
Bigliardi
Un nonno rassicurante gusta il suo piatto di pasta.
A nice old man enjoys his plate of pasta.

5. INDUSTRIA SALUMERIA ZAPPOLI - 1990
60x80 (E)
De Andreis

5

Biscotti
Biscuits

Il termine biscotto deriva dal latino e significa "cotto due volte": indicava il pane tagliato a fette e cotto due volte per eliminare completamente l'umidità ed essere perciò conservato a lungo.
Con l'aggiunta di zuccheri, uova e aromi il biscotto assunse l'accezione attuale. Con il passare del tempo questo dolce si evolse sino a poterlo trovare in centinaia di varianti.

The word biscuit comes from the Latin and means "baked twice": it refers to sliced bread baked twice to get rid of all the dampness, so that it keeps longer.
After adding sugar, eggs and flavouring, biscuits became what they are today. As time went by, this dessert eventually became available in hundreds of different variations.

1

2

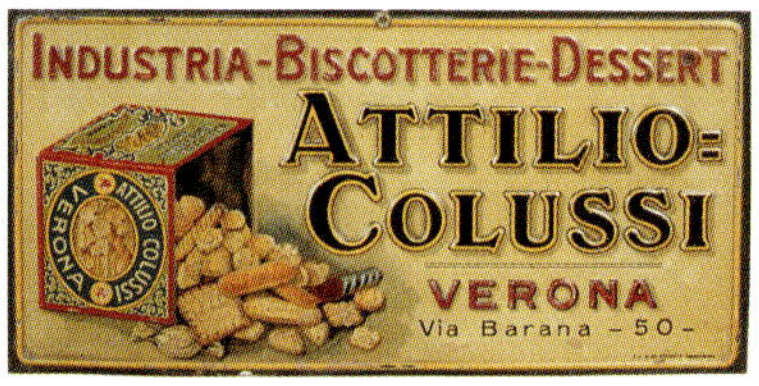

3

4

5

6

1. BISCOTTI SAIWA - 1920
50x35 (E)
L'immagine del bambino sciatore appartiene a una delle scatole di latta più ricercate ed è una delle immagini più note della ditta Genovese.
This picture of a child skiing comes from one of the most sought-after tins and is one of this firm from Genoa's best known images.

2. BISCOTTI COLUSSI - 1920
16x34 (A)
De Andreis

3. BISCOTTI COLUSSI - 1930
16x34 (A)
De Andreis

4. BISCOTTI DELTA - 1930
23x32 (B)
Anche qui viene riprodotta una delle immagini usate per le scatole, meno frequente degli stessi due personaggi in età infantile.
Here is another of the images used for these tins, although less often than the same characters when they were children.

5. BISCOTTI WAMAR - 1920
30x22 (D)
De Andreis
Cappiello
Un'altra bellissima immagine di Cappiello: uno splendido cavaliere su un unicorno offre i biscotti in una composizione che vuole enfatizzare il più possibile l'eccezionalità dei biscotti.
Another of Cappiello's beautiful images: a magnificent horseman riding a unicorn offers biscuits in a design emphasising just how extraordinary the biscuits are.

6. BISCOTTI DELSER - 1920
49x34 (D)
Le bambine sono ingolosite dai biscotti sparsi sul tavolo dalla scatola rovesciata dal gatto.
Young girls stir longingly at biscuits that have been tipped out of their tin onto the table by a cat.

Caramelle
Sweets

Si deve all'abate Jean Baptist Labat l'invenzione, verso la fine del Seicento, delle caramelle. Egli viveva nelle Antille e per primo ebbe l'idea di creare piccoli impasti di zucchero aromatizzato con le essenze e di addensarli al calore del fuoco.
Il nome deriva da *calamellus* a sua volta deriva da *calamus*, che era il nome latino della canna da zucchero di cui le Antille erano ricchissime.
Dapprima le caramelle dovevano avere una qualche valenza medicinale per dare un senso alla loro commercializzazione, ma ben presto assunsero solo il loro significato di dolcetto per il palato.

The abbot Jean Baptist Labat invented sweets at the end of the 17th century. He lived in the Antilles and was the first to have the idea of creating small sugary lumps flavoured with essences, ready to be baked in the oven.
The name comes from calamellus *which, in turn, comes from* calamus*, the Latin name for sugar cane found all over the Antilles.*
Initially sweets had to serve some kind of medicinal purpose to justify their marketing, but they soon turned into just something tasty to eat.

2

1

3

4

1. CARAMELLE ELAH - 1920
24x35 (D)
De Andreis
Un esempio di pubblicità comparativa: la bambina che mangia la caramella Mou (inventata nel 1910) la mostra con supponenza all'altra che dispiaciuta tiene in mano una caramella normale.
An example of comparative advertising: a little girl eating a Mou sweet (invented in 1910) shows it off smugly to the other girl, who is sadly holding an ordinary sweet in her hand.

2. CARAMELLE ELAH - 1920
37x21 (B)
De Andreis
Tessari
Chissà chi è la sorella Teresa rappresentata?
Who knows who this Sister Teresa is?

3. SALADE RUSSE - 1900
68x48 (D)
Splendido esempio di galanteria: il gentiluomo offre a una splendida signora davanti a un panorama meravigliosa deliziosi bon bon.
A wonderful example of gallantry: a gentleman is offering a magnificent woman a bon-bon against a picturesque backdrop.

4. TORRONE DI CANELLI - 1920
25x50 (B)
De Andreis

Cioccolato
Chocolate

La pianta del cacao è originaria del Sudamerica, dove sin dal V secolo i Maya ne ricavavano una bevanda usata nei rituali religiosi. Il primo europeo a berla fu Cortes, il quale, dopo la conquista dell'impero Maya, ne inviò subito un carico al re Carlo V, che ne rimase estasiato, anche se per diverso tempo, a causa del suo gusto amaro, la bevanda verrà considerata medicinale e ricostituente.

Nel 1659 Luigi XIV accorderà a David Chaillou "il privilegio esclusivo di fabbricare e vendere una certa composizione chiamata Cioccolatta": nasce la prima cioccolateria e con essa un alimento di straordinaria bontà e irresistibile tentazione.

The cocoa plant originally came from South America, where ever since the 5th century the Mayas extracted a drink from it used during religious ceremonies. The first European to drink it was Cortes, who, after conquering the Maya empire, immediately sent a load over to King Charles 5th, who was delighted with it, although for a while its bitter taste meant that it was mainly drunk for medicinal and fortifying purposes.
In 1659 Louis 14th gave David Chaillou "the exclusive privilege of manufacturing and selling a certain composition known as Chocolate": hence the first chocolate manufacturer was set up and with it an incredibly fine and irresistibly tempting type of food.

1

1. CACAO DELLE PIRAMIDI
1900
40x58 (C)
De Andreis
Passi

2. UNICA - 1930
100x70 (E)
Metalgraf
Oechsner
L'immagine dei due vecchietti, creata da Oechsner nel 1894, è ancora oggi usata sulle scatole dell'azienda.
This image of two old men, created by Oechsner in 1894, is still used on the firm's tins.

2

La UNICA (Unione Nazionale Industrie Commercio Alimentari) fu fondata nel 1924 dal finanziere Riccardo Gualino, il quale riunì sotto un'unica gestione diverse aziende dolciarie che aveva progressivamente acquisito (Bonatti e C, Michele Talmone, Moriondo e Graiglio, Idea, Dora Biscuits), creando un grande stabilimento con 2300 operai, in grado di garantire una elevata produzione giornaliera.
La Talmone, fondata nel 1850 a Torino, era diventata molto rinomata sia in Italia che all'estero per la lavorazione del cacao e la creazione di specialità al cioccolato molto raffinate. Il fondatore, Michele Talmone, fu uno dei primi a intuire l'estrema importanza del messaggio pubblicitario e, come Bisleri, fece produrre prima figurine e poi gadget vari che pubblicizzassero l'azienda. Già all'inizio del XX secolo uno dei figli intraprese viaggi di propaganda in tutto il mondo, mettendo solide basi all'esportazione dei prodotti. Agostino Moriondo e Francesco Gariglio fondarono nel 1868 l'omonima ditta, impegnata, come altre nell'ambito torinese, nella produzione di manufatti cioccolatieri. Essi iniziarono la loro opera in un modesto fabbricato, ma solo cinque anni dopo impiegavano 450 operai. La Venchi fu fondata nel 1878 da Silvano Venchi, che aveva iniziato come lavorante della Baratti e Milano. Le sue caramelle divennero subito famose per la qualità e le raffinate confezioni, e a esse, nel 1898. si aggiunse la produzione del cioccolato.

UNICA (National Union of Food Traders) was set up in 1924 by the financier Riccardo Gualino, who brought together all the various confectionary industries he had gradually purchased (Bonatti e C, Michele Talmone, Moriondo e Graiglio, Idea, Dora Biscuits) under the same management board, thereby creating a huge factory with 2300 workers, capable of ensuring a highly daily output.
Talmone, founded in Turin in 1850, had become famous both in Italy and abroad for processing cacao and creating highly refined chocolate. The founder, Michele Talmone, was one of the first to realise the importance of an advertising message and, like Bisleri, first started producing his own cards and then all kinds of gadgets to advertise the company. In the early-20th century one of his sons set off on publicity trips all over the world, setting firm foundations for exporting the firm's products.
Agostino Moriondo and Francesco Gariglio set up a company of the same name in 1868, working alongside others in the Turin area manufacturing chocolate products. They began working in a relatively small factory, but within just five years were employing 450 workers.
Venchi was set up in 1878 by Silvano Venchi, who began working for Baratti in Milan. His sweets soon became famous for their quality and elegant packaging. The firm also began manufacturing chocolate in 1898.

2

1

2

3

1. TALMONE - 1900
45x56 (F)
Metalgraf
A.Terzi
Splendido esempio di pubblicità di inizio secolo, eccezionale per l'immagine e per l'argomento trattato, in cui la donna offre e assaggia tutti i prodotti della casa.
A wonderful example of advertising from the early 20th century, exceptional in terms of both its image and the subject being dealt with, showing a woman offering us all the products in her home.

2. CIOCCOLATO DELLE PIRAMIDI
1900
20x30 (C)
Prager Berlino
Una delle molte targhe della Talmone con una grafica esotica, in particolare egizia, scelta dalla ditta anche per la esposizione di Torino del 1898.
One of a number of Talmone's plaques with exotic graphics, mainly Egyptian, which the firm chose for the 1898 exhibition in Turin.

3. CACAO DELLE PIRAMIDI - 1900
100x70 (F)
Metalgraf
La più bella in assoluto tra tutte le targhe della Talmone. Ancora una volta esotica.
The most beautiful of all Talmone's plaques.

1

2

3

1. MORIONDO e GARIGLIO - 1900
30x49 (E)

2. CIOCCOLATO VIOLA FIRENZE
1930
33x55 (C)
De Andreis
Tessari
Questa volta alla contadinella viene associata una bella mucca per sottolineare l'origine naturale del prodotto.
This time the peasant woman is matched with a delightful cow to emphasise the product's natural origin.

3. VENCHI - 1890
80x50 (F)
In assoluto la più bella targa pubblicitaria italiana esistente per rarità, condizione e delicatezza, essendo fustellata.
The most beautiful Italian advertising plaque still in existence, for its rarity, condition and delicacy, bearing in mind it is punched.

1

2

3

4

5

6

7

1. CIOCCOLATO SANT'ANTONIO
1920
50x20 (C)
Matossi Torino
Ancora una volta si pensa che il riferimento religioso possa aiutare a vendere il prodotto, anche se in fondo si tratta di un "peccato di gola".
Once again the reference to religion is expected to help sell the product.

2. CIOCCOLATO VENCHI - 1920
50x35 (C)
De Andreis
Tessari
Un'altra famosa contadinella di Tessari ancora una volta, neanche a dirlo, appoggiata a un muretto.
Another of Tessari's famous peasant women, once gain, needless to say, leaning against a wall.

3. CIOCCOLATO BEATA E PERRONE
1900
35x50 (D)
De Andreis

4. CACAO MONTEZUMA - 1920
50x35 (E)
De Andreis
La rappresentazione caricaturale di un indiano non ha molto a che fare con Montezuma, riferimento d'obbligo alle origini del cacao, ma in quegli anni la fantasia aveva libero sfogo.
A caricature of an Indian has little to do with Montezuma, a necessary allusion to the origins of cacao, but back in those days the imagination was left free to wander.

5. CHOCOLAT LOMBART - 1920
35x25 (D)
L'immagine del bambino che scrive sul muro è chiaramente ripresa da quella del chocolat Menière.
The image of a child writing on a wall is clearly borrowed from "chocolat Menière's" own image.

6. CHOCOLAT LORRAIN - 1920
45x32 (C)
De Andreis
Guerzoni
Un'altra deliziosa donna di Guerzoni ci offre una prelibatissima scatola di cioccolatini.
Another of Guerzoni's delightful women is offering a delicious box of chocolates.

7. CHOCOLAT MENIER - 1910
30x40 (B)
Una delle immagini innovative della pubblicità: la bambina di schiena che scrive sul muro sarà molto imitata in seguito.
An innovative advertising image: the figure of a girl seen from behind writing on a wall was subsequently copied very frequently.

Bevande analcoliche
Alcoholic drinks

1

La tradizione classica vede derivare l'acqua dai raggi della luna o dalle lacrime di Aurora; Plinio il Vecchio la definì "un vero farmaco, un dono celeste".
I Romani tributavano un religioso rispetto ai luoghi in cui l'acqua affiorava dalla terra.
Oltre al suo potere diuretico l'acqua è il componente fondamentale di tutte le bevande analcoliche: in Italia esiste tutta una tradizione di bevande analcoliche (chinotto, gazzosa, aranciata, menta, orzata, tamarindo) ancora ben presente nonostante la globalizzazione e la diffusione di bevande straniere.

Classical tradition has it that water comes from the moon rays or Aurora's tears; Pliny the Elder described it as "a real drug, a heavenly gift".
The Romans treated places where water sprang from the earth with religious devotion.
As well as its undisputed diuretic properties, water is a key part of all alcoholic drinks: Italy has its own tradition for non-alcoholic drinks (chinotto, lemonade, orangeade, mint, barley water, tamarind) that are all still very popular, despite globalisation and the spread of foreign drinks.

2

1. ESTRATTO DI TAMARINDO
CARLO ERBA - 1900
26x49 (D)
De Andreis
Ballerio
Un'altra splendida immagine di Ballerio. Da notare sullo sfondo del picnic l'automobile inizio secolo che rende ancora più preziosa la targa.
Another of Bellerio's magnificent images. Note the early-20th century car in the background of the picnic.

2. ESTRATTO DI TAMARINDO
CARLO ERBA - 1900
50x35 (D)
De Andreis
Ballerio
Il tamarindo era una bevanda analcolica molto in voga all'inizio del XX secolo, in un momento in cui non erano ancora comparse le cole.
Tamarind was a very popular non-alcoholic drink in the early-20th century before the various colas burst onto the scene.

1

2

3

4

5

1. BIBITA DORA - 1930
48x34 (C)
Il fauno tenta con una bevanda "dorata" la bella ninfa. Ancora una volta il contrasto tra bene e male si appiana con un buon prodotto che tutti accomuna.
The faun tempts the nymph with a "golden" drink. Once again the contrast between good and evil is overcome by a good drink that brings everybody together.

2. EFFERVESCENTE BRIOSCHI
1900
35x46 (C)
De Andreis
La classica immagine della Brioschi, presente su tutte le scatole, qui in una targa molto rara.
Brioschi's most famous image, found on all its tins, and here on a very rare plate.

3. ACQUA MINERALE
SAN PELLEGRINO - 1940
100x35 (B)
Metalgraf

4. ARANCIATA SAN PELLEGRINO
1940
100x40 (B)
Metalgraf

5. ACQUA GIOCONDA BISLERI
1920
100x700 (C)
Metalgraf
Forse la prima acqua minerale commercializzata.
Perhaps the first mineral water ever to be marketed.

2

1

3

5

4

6

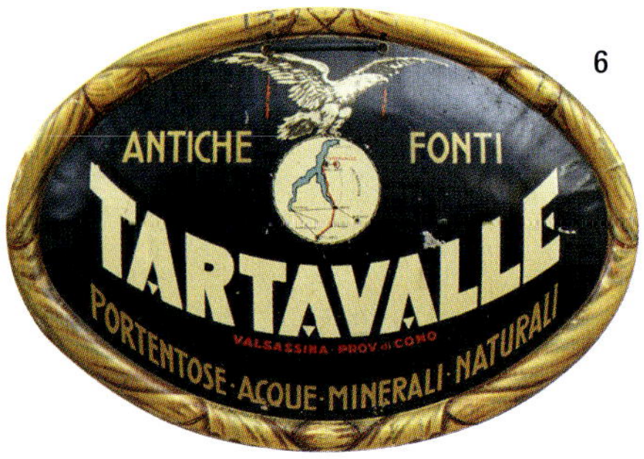

1. TAMARINDO FERNET BRANCA
1900
25x50 (C)
Metalgraf

2. ACQUA RECOARO - 1930
35x25 (D)
Muggiani
Una grafica che per stile e colori risente molto dello stile della Lempicka.
Grpahics which are highly influenced by Lempicka in terms of both the style and colour scheme.

3. ACQUA GIOMMI - 1920
50x35 (C)
Metalgraf
Giommi
Questa immagine, molto nota fino agli anni Sessanta, fu disegnata dallo stesso proprietario dell'acqua, il sig. Giommi.
This image, very familiar until the 1960s, was designed by the owner of this water manufacturing firm, Mr. Giommi.

4. BOGNANCO - 1920
70x50 (C)
Ballerio
Riprodotto su metallo, lo splendido manifesto realizzato da Ballerio per le terme di Bognanco, di recente modernizzate, rappresenta idealmente la contadinella che scoprì le fonti.
Reproduced on metal, this magnificent poster designed by Ballerio for the Bognanco Spa Resort, recently modernised, ideally represents a peasant woman discovering its sources.

5. COCA COLA - 1920
35x17 (C)
De Andreis

6. FONTI TARTAVALLO - 1930
25x35 (A)
Merlo

Polveri da sparo
Gunpowder

Il primo impiego di polvere da sparo è da attribuirsi ai Tartari e agli Arabi, che utilizzavano, già prima dell'anno Mille, vari tubi di legno e bambù per il lancio di fuochi artificiali. Fuochi pirotecnici furono riportati da Marco Polo al suo ritorno a Venezia.
Sul finire del Trecento fecero la loro comparsa i primi meccanismi rudimentali di sparo. Non si sa chi preparò per primo un tubo metallico attraverso il quale, mediante l'uso di una sostanza esplosiva come propellente, si dirigeva un proiettile contro un bersaglio vicino o lontano.
Tali meccanismi si evolsero nel corso dei secoli con sempre maggiore sofisticazione ed efficienza, ma ancora oggi la polvere da sparo è un costituente fondamentale delle armi da fuoco.

The Tartars and Arabs are thought to be the first to have used gunpowder way back before the year one thousand. They used wooden and bamboo tubes to launch fireworks, which were brought back to Venice by Marco Polo.
By the end of the 14th century, the first rudimentary firing mechanisms had been invented. It is not known who was the first to take a metal pipe and use an explosive substance to fire a bullet towards a near or distant target.
These devices gradually developed down the centuries becoming more and more sophisticated and effective, but even today gunpowder is a vital constituent in firearms.

1

2

1. MULLERITE - 1920
50x35 (D)
De Andreis
Ballerio
L'elegante donna con il fucile ci rimanda a una moderna Diana cacciatrice.
An elegant woman holding a rifle evokes a modern Diana the huntress.

2. ACAPNIA - 1910
35x60 (D)
De Andreis
Una targa molto particolare che, oltre a essere fustellata, ha una piegatura in alto a sinistra, con un motivo litografato come elemento decorativo.
A very special plaque, which, as well as being punched, has a bend at the top on the left and a decorative lithographic pattern.

Cappellifici
Hat factories

1

La fabbricazione del cappello di feltro era già una solida tradizione artigianale dell'alto Verbano fin dal Settecento, e in particolare a Intra e Ghiffa. Il feltro, un tessuto non tessuto, si ottiene da un intreccio naturale di peli di coniglio o di lepre e, dopo una lunga lavorazione può essere modellato a caldo e trasformato in copricapo.
Accanto alla Borsalino di Alessandria, la fabbrica Panizza, fondata nel 1880, diventò famosa nel mondo per la qualità dei suoi prodotti. Essa chiuse nel 1981 e adesso nella sua sede originaria si trova uno splendido museo del cappello.

Manufacturing felt hats was already an established craft industry in northern Verbania back in the 18th century, particularly in Intra and Ghiffa. Felt, a fabric which is not a fabric, is obtained from a natural weave of rabbit and hare skins and, after a long manufacturing process, can he hot-moulded and turned into a piece of headgear. Next to Borsalino in Alessandria, the Panizza factory, set up in 1880, became famous worldwide for the quality of its products. It closed in 1981, and its original headquarters are now home to a magnificent hat museum.

2

1. PANIZZA GHIFFA - 1920
41x31 (D)

2. PIROLA - 1930
43x34 (D)
Anche questa targa non è attribuita ad alcun grafico, ma lo stile ricorda ancora una volta quello di Mauzan.
Nobody knows who designed the graphics for this plaque, but its style is once again reminiscent of Mauzan.

Profumi
Perfumes

Sin dall'antichità si pensava che, bruciando sostanze odorose, si potesse attirarsi i favori degli dei. La stessa parola "profumo" deriva da *per fumus*, cioè attraverso il fumo. Con il tempo, però, l'uso divenne profano, e già Cleopatra si cospargeva di unguenti profumati.

La vera rivelazione nella creazione di profumi fu la scoperta, da parte degli Arabi, dell'alambicco da cui essi venivano distillati.

Nel Medioevo, quando ci si lavava poco, i nobili si ricoprivano di profumi per sopperire alla carenza d'igiene.

Fu in Francia che il profumo si diffuse grazie a Maria Antonietta e a Giuseppina Beauharnais: la creazione di profumi si concentrò a Grasse dove veniva distillata l'essenza di lavanda nelle fabbriche di guanti, che, una volta profumati, furono il primo veicolo per indossare un profumo.

Nel periodo della Belle Epoque compaiono i primi grandi profumi e in seguito l'*haute couture* entra nel mondo dalla profumeria con la creazione di grandi prodotti che hanno fatto la storia come Chanel n.5 (1921) e Shalimar (1925).

Ever since ancient times it was believed that burning scented substances could gain the gods' favour. The word "perfume" comes from per fums, *i.e. by fire. Down the ages, though, it was gradually used for profane purposes and Cleopatra used to cover herself with perfumed oils. The real revelation in the creation of perfumes was the Arab discovery of the alembic used for distilling them.*

Back in the Middle Ages when people did not wash much, the nobility would wear perfume to make up this lack of hygiene.

Perfume first caught on in France thanks to Marie Antoinette and Josephine Beauharnias: perfumes were mainly made in Grasse, where lavender essence was distilled in glove factories, and perfume gloves were actually the first way of wearing a scent. The first important perfumes appeared during the Belle Epoque, and then high fashion got involved with the world of perfume manufacturers, creating major products that have made history, such as Chanel no.5 (1921) and Shalimar (1925).

PROFUMERIE CRITELLI - 1910
66x47 (E)
De Andreis
Guerzoni
La donna guarda con meraviglia i prodotti di profumeria sparsi sul tavolo, pronta a usarli come armi di seduzione.
A woman stirs at all the perfumes on the table in amazement, ready to use them as a means of seduction.

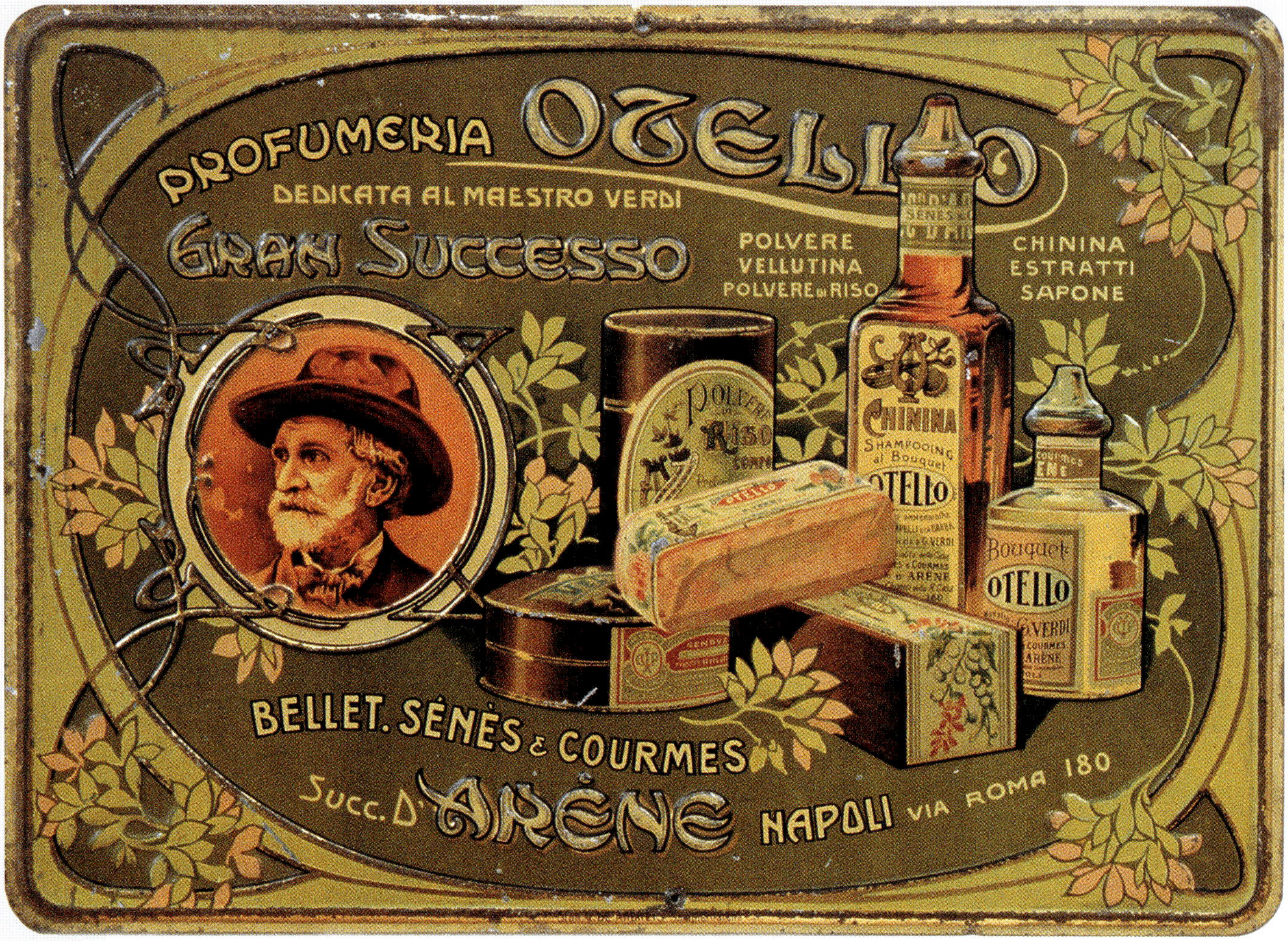

1

3

2

4

1. LOZIONE ARENE - 1920
35X16 (B)
De Andreis
La presenza di Verdi in una delle due targhe la rende molto ricercata dai collezionisti verdiani.
The fact that Verdi appears on one of the two plaques makes it a real collector's item for his fans.

2. PROFUMI ERBA - 1920
70X45 (C)
Guerzoni
La donna avvolta da grandi fiori suggerisce gli splendidi aromi proposti dalla casa.
A woman enveloped in large flowers evokes the wonderful scents the firm has to offer.

3. PROFUMERIA ARENE - 1920
24x34 (C)
De Andreis

4. KINO PETROLEA VALSECCHI E MOROSETTI - 1930
50X35 (B)
Metalgraf

Saponi
Soaps

Già nell'antichità si usavano, per lavarsi, cortecce di alberi ed erbe aromatiche. I Romani facevano bagni con olii ed essenze profumate. In Italia, nel Medioevo, era riportato l'uso di una specie di sapone costituito da grasso di capra e cenere di legno di betulla; ma fu solo alla fine del Settecento, con la notazione che la pulizia personale riduceva il rischio di infezioni e malattie, che cominciò a diffondersi il concetto d'uso di sostanze detergenti.
Ai primi dell'Ottocento Andrew Pears, in Inghilterrra, creò i primi saponi profumati dell'era moderna, strumento indispensabile per l'igiene personale.

Tree bark and fragrant herbs were used for washing even back in ancient times. The Romans used to bathe in oils and perfumed essences.
There are records of a kind of soap made from goat's fat and birch wood ashes used in Italy in the Middle Ages; but it was in the late-18th century, when it was realised that personal hygiene reduced the risk of infections and illnesses, that detergent substances began to be widely avaialble.
In the early 19th century, Andrew Pears created the first modern fragrant soaps in England, a vital means of personal hygiene.

1

2

3

4

5

6

7

8

1. SAPONE SBIANCAMANO - 1930
100x70 (C)
Proparsi
Questa targa ha un'impostazione grafica che sottolinea il messaggio per un prodotto di uso popolare.
This plaque's graphics underline the advertising message for a popular product.

2. 4. SAPONE FENDERL - 1930
24x36 (A)

3. SAPONE ADRIA 1930
24x14 (A)
Passero

5. SAPONE STELLA - 1920
12x34 (A)
De Andreis

6. CEDRO - 1920
35x25 (B)
Putol Parigi
Raffinatissimo esempio di messaggio grafico in cui la mano che afferra il sapone dietro la tenda della doccia suggerisce in sé un certo erotismo.
An elegant example of a graphic message in which the hand holding the soap behind the shower curtain is somehow erotic in itself.

7.SAPONE BANFI - 1930
35x25 (A)

8. SAPONE STELLA - 1930
35x25 (B)
Metalgraf
Golia
Chi meglio di uno spazzacamino può garantire la bontà di un sapone?
Who better than a chimneysweep could test how good a soap is?

Candele
Candles

1

Ai tempi dei Romani si immergeva una corda di canapa in un contenitore ripieno di pece liquida e calda. Una volta estratta, la pece si solidificava, e il tutto veniva immerso in un altro contenitore con cera liquida e calda, che a sua volta si raffreddava: la cera emanava un caratteristico odore di sego (la sostanza che componeva allora la cera).
Solo nel 1820 si fabbricarono le prime candele inodori di stearina (una cera priva di grassi). Newton nel 1846 inventò la macchina per produrre le candele, e da allora la tecnica non è sostanzialmente cambiata.

Even back in Roman times a hemp rope used to be dipped in a container full of hot, liquid pitch. When it was taken out again, the pitch solidified and everything was then dipped in another container holding hot, liquid wax, which was then left to set: the wax gave off a distinctive candle grease smell (which was what wax was made of back then).
The first odourless candles made of stearine (a greaseless wax) were only made in 1820. In 1846 Newton invented a candle-making machine, and since then the method has remained more or less the same.

2

1. CANDELE VITALI FOLIGNO - 1920
40x30 (A)
De Andreis
Tessari
Un altro esempio di pubblicità a sfondo ecclesiastico, quasi a sottolineare che i prodotti usati dalla Chiesa sono i migliori.
Another example of religious advertising, almost as if to emphasise that the Church uses the best products.

2. CANDELE LANZA - 1890
46x30 (E)
De Andreis
Splendido esempio di pubblicità "primordiale": l'uomo, rimasto senza luce, non può più scrivere, mentre una donna, quasi una musa, viene in suo soccorso con un candelabro.
A wonderful example of "primitive" advertising: the man left without light cannot write, while a woman, almost a muse, comes to his aid with a candle.

3. CANDELE ANSELMI E CASALE PADOVA - 1920
24x35 (A)
Metalgraf

3

Lucidi da scarpe
Shoe polishes

ECLA - 1900
140x100 (F)
Metalgraf
Una delle targhe litografate più belle: semplicemente meraviglioso l'impatto visivo sia per la conservazione che per le dimensioni.
One of the most beautiful lithographed plaques: truly visually striking due to both its condition and size.

Poco si sa sulla storia delle creme da scarpe, ma certamente l'impiego di creme grezze per lucidare le scarpe nasce in ambito militare per lustrare gli stivali da cavalleria e proteggerli dall'acqua. L'uso si propagò progressivamente con la diffusione della scarpa di pelle, e il concetto di scarpa in ordine e lucida venne affermandosi anche negli strati sociali più poveri, creando così spazio per un lavoro, quello del lustrascarpe, ai giorni nostri ormai dimenticato.

Not much is known about the history of shoe polishes, but it was in the military that rough creams were first used for polishing horsemen's boots and protecting them from water. Its use gradually spread as leather shoes became popular, and the idea of having shiny, smart footwear became important even in the lower classes, opening up a job opportunity for shoe shiners, now a thing of the past.

2

1

1. SUPER ASTRO - 1930
100x70 (E)
Maggioni
Bernardon
Lo scugnizzo ci mostra una scarpa lucidissima.
A street urchin shows off his brightly shined shoes.

2. ASTRO CREMA TACCHI - 1920
100x70 (E)
Secchi
Ancora uno scugnizzo che nel primo dopoguerra diventerà uno sciuscià (dalla espressione americana *shoe shine*) ci mostra i prodotti.
Yet another street urchin, destined to become a shoe shiner after the 2nd World War, shows us the products.

2

1

3

4

1. ECLA - 1900
46x35 (D)
Landriani
Milano
In forma diversa viene riproposto il giovane pagliaccio che volteggia.
A young clown, performing summersaults, is given a fresh rendering.

2. MARGA - 1930
100x70 (D)
Metalgraf
Gibi
Persino il sole è abbagliato e deve mettere gli occhiali da sole aprendo la scatola di lucido.
Even the sun is dazzled and has to put on sunglasses to open the tin of polish.

3. BRILL MILANO - 1920
32x24 (C)
Metalgraf
Muggiani
L'immagine creata da Muggiani e poi rielaborata accompagnerà le scatole della Brill sino ai giorni nostri.
An image created by Muggiani and then re-worked has appeared on tins of Brill right down to the present day.

4. BRILL - 1930
49x34 (B)
Stab. Grafico Brill

Lucidi da scarpe
Shoe polishes

1

2

3

4

1. GUTTALIN - 1920
34x21 (D)
Il simpatico nanetto scappa nella sua dimora con un grosso e prezioso bottino.
A funny little figure runs into his house with a big and valuable haul.

2. TAOS - 1930
34x25 (B)
Brianza latta

3. TAOS
1930
34x25 (B)

4. LODIS - 1930
68x49 (E)
Passero
Parri
Un giovane angelo, in scarpe più grandi delle sue, propone il suo lucido: anche in Paradiso si lucidano le scarpe!
A young angel, in shoes that are too big for him, offers us his polish: even in Heaven shoes still need polishing!

1

2

3

6

4

5

7

1. STIVALIN - 1910
34x34 (B)

2. FILA - 1940
32x24 (A)

3. LION NOIR - 1920
20x25 (B)
Crespi Emanuelli
Codognato
Un leone ricoperto di lucido propone i prodotti della Lion noir: sembra quasi una ripresa dello Chat Noir di antica data.
A lion covered in polish offers us Lion Noir products: it almost looks like a shot of the old Chat Noir.

4. CAVALIER CREME
1920
26x8 (A)
Buhler Cannstat

5. ROYAL CREME
1910
10x24 (A)
Metalgraf

6. LODIS
1920
34x17 (A)
Passero

7. CAVALIER CREME
1920
17x38 (A)
Buhler Cannstat

Agricoltura
Farming

Già 3000 anni fa i Cinesi conoscevano le proprietà insetticide dei prodotti arsenicali. Lo zolfo è menzionato nei poemi omerici quale rimedio contro gli artropodi, ma le proprietà anticrittogamiche dello zolfo vennero scientificamente analizzate solo nel 1821.
Nel 1939 fu inventato uno dei più potenti insetticidi mai creato, il DDT, che veniva spruzzato tramite nebulizzatori.
In una società come era la nostra all'inizio del secolo a indirizzo prevalentemente agricolo era ovvio che avere a disposizione una vasta gamma di insetticidi permetteva di avere buoni raccolti non danneggiati dagli insetti.

3000 years ago the Chinese knew that products containing arsenic could be used in insecticides. Sulphur is mentioned in Homer's poems as a remedy for arthropods, even though the anti-cryptogamic properties of sulphur were only scientifically analysed in 1821.
One of the most powerful insecticides ever created, DDT was invented in 1939. It was sprayed on using atomisers. In a society like ours at the beginning of the century, still based mainly around farming, it was obvious that having a wide range of insecticides at hand made it possible to have healthy crops that were not damaged by insects.

1. SOLFATO AMMONICO - 1920
68x49 (D)
Marazza Milano
Codognato
Non è sicuramente una delle più riuscite opere di Codognato, ma i colori caldi e il bel viso della donna ne fanno comunque una bella targa.
This certainly is not one of Codognato's most successful works, but the warm colours and pretty woman's face still make it a nice plaque.

2. CONCIMI COLLA - 1920
45x70 (B)
De Andreis
Tessari
Per il suo tratto grafico e la sua tendenza a rappresentare donne agresti Tessari era senz' altro il più indicato per questi prodotti pubblicitari.
For his graphic features and tendency to depict country women, Tessari was certainly the ideal choice for these advertising products.

3. SCORIE THOMAS - 1920
50x35 (C)
De Andreis
Tessari
Finalmente una contestualizzazione logica della classica contadinella che Tessari ha messo in moltissime sue opere pubblicitarie.
The famous peasant woman used by Tessari for so many of his advertising designs is finally in the right setting.

4. MINIERE SULFUREE TREZZA ALBANI - 1920
48x34 (C)
De Andreis
Tessari
Qui la donna disegnata da Tessari ha un aspetto quasi da dea greca mentre raccoglie l'uva.
Here the woman designed by Tessari looks almost like a Greek goddess gathering grapes.

5. PASTA CAFFARO - 1910
68x48 (C)
Marazza Milano
Qui la donna, pur avendo un abbigliamento agreste, ha la tipica posa inclinata all'indietro della scuola grafica Liberty.
The woman wearing country clothes here has the classic backward stance of Liberty-style graphics.

1

2

3

4

5

2

1

3

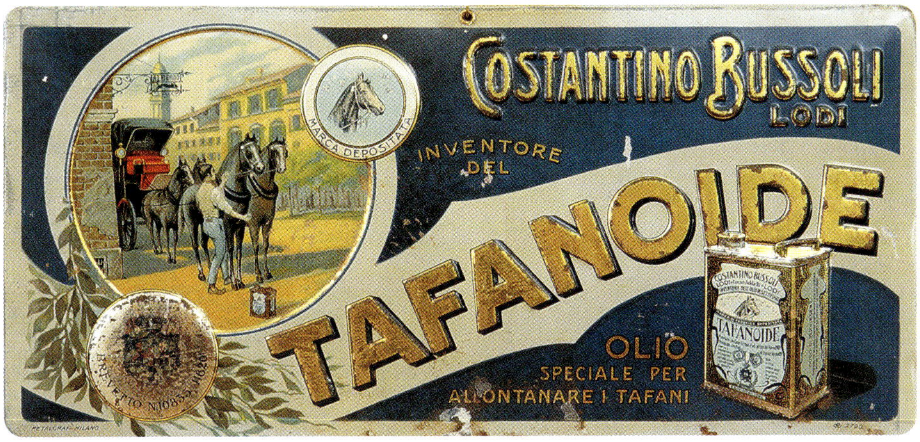

4

5

6

1. STABILIMENTO BACOLOGICO COSTANTINI - 1920
34x50 (A)
Metalgraf

2. STABILIMENTO BACOLOGICO APOSTOLI - 100x70 (D)
Metalgraf
Casarini
Un esempio di liberty con la donna avvolta di seta che porta un enorme baco, allora come oggi la seta era un prodotto prezioso e raffinato.
An example of the Liberty style with a woman wrapped in silk carrying a huge silk worm, back then as now silk was a precious and elegant product.

3. TAFANOIDE - 1910
16x33 (B)
Metalgraf

4. FAUST - 1940
48x35 (C)
Con "demoniaca" potenza l'insetticida fa strage di ogni tipo d'insetto.
With "devilish" power, the insecticide destroys all kinds of insects.

5. SUPERFAUST
1950
48x35 (B)
Come già detto più volte il diavolo ricorre spesso nella pubblicità, d'altra parte non è d'uso comune la dizione "diavolo tentatore"?
As has already been mentioned several times, the devil often appears in advertising, after all is not the term "tempting devil" still in common usage?

6. CALCIOCIANAMIDE - 1940
70x50 (C)
Silla Livorno
Il contadino di schiena con spalle forti garantisce senza ammiccamenti la bontà del prodotto rivolgendosi a un pubblico che badava alla sostanza.
The broad-shouldered peasant with his back turned is a real guarantee of the product for people looking for something with no frills.

Lucidatori per metalli
Metal polishes

1

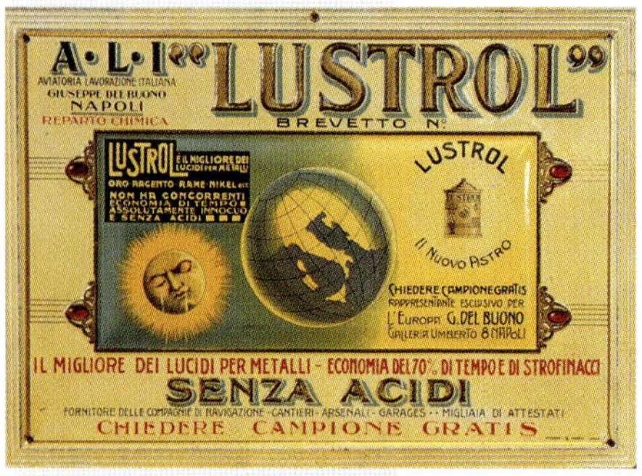

2

3

4

1. LUSTROL - 1920
25x35 (C)
Metalgraf

2. MIROR - 1930
49x34 (D)
Stab.Lion Noir
Dudovich
Una pubblicità molto inusuale per lo stile grafico che caratterizza di solito le opere di Dudovich, qui l'elemento è molto caricaturale.
A highly unusual advert due to Dudovich's characteristic graphic style, here looking very much like a caricature.

3. SIDOL - 1930
35x15 (A)
Passero

4. SUTTER - 1920
25x5 (A)
Bozzetti

Vernici
Paints

1

2

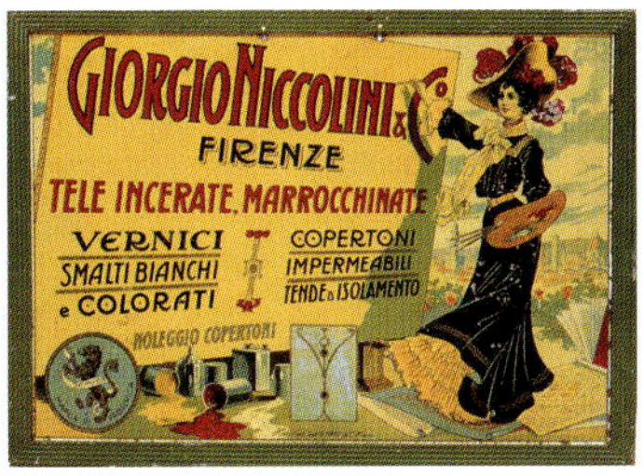

3

4

5

1. STIBIUM - 1910
58x46 (D)
Metalgraf
Un altro esempio di pubblicità comparativa, in cui l'operaio che non usa le vernici "giuste" ha chiaramente un aspetto malsano.
Another example of comparative advertising, in which the workman who does not use the "right" paints certainly does not look very well.

2. LEFRANC - 1898
34X48 (C)
Dressler
Un raro esempio di targhe fine '800 con grafica molto manierista.
A rare example of late 19th century plate with very mannerist graphics.

3. VERNICI NICOLINI - 1900
34x48 (D)
Ranci Milano

4. VERNICI PIATTI - 1900
20x10 (B)
Ranci Milano
Un esempio di passaggio tra Art Nouveau e Liberty, risentendo della lezione di Mucha.
An example of the transition between Art Nouveau and the Liberty style, drawing on Mucha's work.

5. RIPOLIN - 1920
40x60 (D)
Metalgraf
Vavassuer
Questa immagine di un prodotto francese italianizzato è molto consolidata nell'immaginario collettivo.
This image of an Italianised French product is deeply engraved in the collective psyche.

Macchine per cucire
Sewing machines

La storia ha inizio nel 1830, quando il francese Thimonnier, prendendo spunto dal lavoro all'uncinetto, inventò una macchina che muove un ago. Nel 1851 Graver e Baker inventarono una macchina a doppio ago, ma fu Singer che realizzò la prima vera ed efficiente macchina per cucire; il successo fu tale che quasi immediatamente sorsero moltissime altre fabbriche di prodotti analoghi, soprattutto in Germania, anche se il nome di Singer rimane sinonimo di macchina per cucire.
Lo strumento, senza sostanziali cambiamenti, è ancora diffuso ai giorni nostri.

The history of sewing machines began in 1830 when the Frenchman Thimonnier drew inspiration from crochet work to invent a machine for moving a needle.
In 1851 Graver and baker invented a twin-needled machine, but it was Singer that designed the first proper fully-operational sewing machine; it was so successful right from the start that lots of other factories producing similar products soon sprung up, particularly in Germany, although the name Singer is still synonymous with sewing machines.
The same kind of machine, hardly altered at all, is still used today.

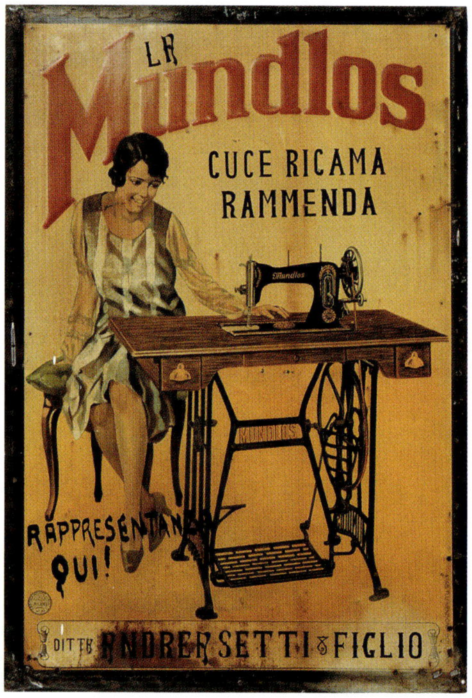

1

2

1. MUNDLOS - 1930
100x70 (D)
Menzioni
Una donna, con tipica acconciatura a caschetto anni Trenta, contempla con gioia la sua nuova macchina da cucire.
A woman with a typical 1930s hair style happily admires her new sewing machine.

2. KAISER - 1930
75x52 (D)
Abilissimo il disegnatore nella rappresentazione di una donna con il viso dolce, ma da cui traspare furbizia, mentre cuce un drappo patriottico con una retorica scritta mussoliniana.
The designer has shown great skill in depicting a woman with a sweet but smart-looking face sewing a rhetorical quote by Mussolini on a patriotic flag.

1

2

3

1. SINGER - 1900
49x34 (C)
De Andreis
Interessante notare come, con il passare degli anni, la Singer adattò progressivamente l'abbigliamento delle donne alla macchina per cucire, sicché le targhe sono facilmente databili.
Interesting to see how Singer gradually adapted its sewing machines down the years to women's clothing , so it is easy to date the plaques.

2. SINGER - 1910
35x25 (B)

3. SINGER - 1930
90x65 (C)

1. NAUMANN - 1930
92x65 (C)
Metalgraf
Zardo
Il disegnatore ha scelto di introdurre nel disegno l'elemento di un vestito orientaleggiante, per dare un tocco esotico che non guasta mai!
The design includes an oriental-style garment to add that exotic touch, which never goes amiss!

2. DIETRICH - 1930
49x33 (C)
Metalgraf

3. DUBIED - 1930
35x25 (A)
Metalgraf

4. DUBIED - 1930
35x25 (A)
Metalgraf
Una montagna di tessuti da cucire garantiscono la qualità e la duratura efficienza di questa macchina.
The mountain of fabrics waiting to be sewn show how reliable and smooth-functioning this machine is.

5. HAID & NEU - 1930
80x55 (B)
Bozzetti
Treub
Inusuale rispetto a tutte le altre, questa targa disegnata da Treub risente della impostazione grafica. Decó della scuola tedesca.
Different from all the rest, this plaque designed by Treub is influenced by the German brand of Déco graphics.

1

2

3

4

5

Lane e coloranti per lane
Wooland dies for wool

Dall'antichità fino all'Ottocento i tintori non avevano a disposizione molte sostanze coloranti. Alcune di esse erano di origine vegetale, altre, come il blu di Prussia e il giallo, di origine animale.
Le stoffe, gli arazzi e i filati erano tinti soprattutto con i colori vegetali estratti da legni importati dall'Oriente.
Verso il 1850 si iniziò a ricavare coloranti artificiali da preparati chimici, anche se all'inizio i tintori non ne erano soddisfatti a causa della loro instabilità rispetto alla luce.
Ma ben presto l'industria chimica prosperò, soprattutto in Germania, soppiantando velocemente l'estrazione vegetale.

From ancient times to the 19th century dye-works did not have many colouring agents to choose from. Some came from vegetables, others, such as Prussian blue and yellow, came from animals. Fabrics, drapes and yarns were mainly dyed with vegetable colours extracted from woods imported from the East.
Towards 1850 artificial dyes started to be made from chemical substances, although in the beginning dye-works were not happy with them because they were unstable in the light.
The chemical industry soon flourished, particularly in Germany, soon taking over from vegetable dyes.

1

2

3

4

1. MANIFATTURE LANE BORGOSESIA - 1930
35x25 (D)
Metalgraf
Cappiello
L'intenzione di Cappiello era quella di evidenziare come le lane colorate potessero riempire di colori la grigia vita di una massaia.
Cappiello was looking to show how coloured wools could brighten up the dull life of a housewife.

2. LANAPOL TORINO - 1920
48x33 (C)
Metalgraf
Boetto
Persino la pecora giocattolo può essere lavata con successo da questo sapone per tessuti.
Even a toy sheep can be successfully washed with this soap for fabrics.

3. MANIFATTURE LANE BORGOSESIA - 1920
35x25 (A)
Metalgraf

4. MANIFATTURE LANE BORGOSESIA - 1920
35x25 (A)
Metalgraf

Lane e coloranti per lane
Wooland dies for wool

1

2

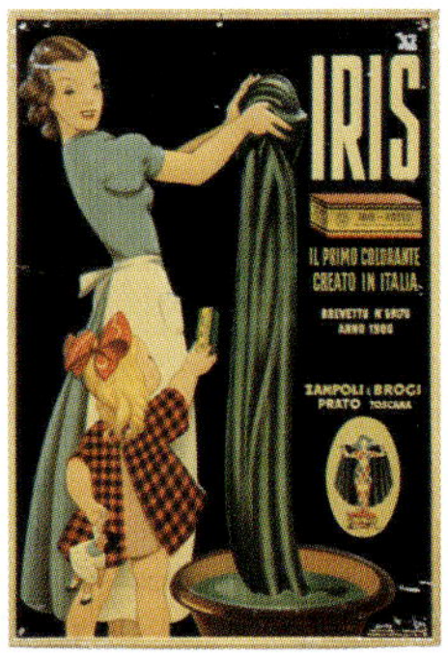

3

4

5

6

1. IGIENICO - 1920
34x24 (A)

2. SUPER IRIDE - 1940
50x35 (B)
Metalgraf
L'immagine del demonio che solleva i tessuti dalla tinozza è estremamente conosciuta e famosa, e sembra sia stata disegnata da Codognato, anche se non ufficialmente attribuita.
The image of the devil lifting fabrics from the wash-tub is well-known and extremely familiar. Apparently it was designed by Codognato, although he is not officially acknowledged for it.

3. IRIS - 1930
50x35 (C)
Ancora un esempio di tardo Decó con colori pastello.
Another example of late-Déco in pastel shades.

4. SUPER SPLENDOR - 1920
70x50 (C)
Un'immagine semplice e popolare per ottenere una larga presa.
A simple, popular image to win public approval.

5. TIS SUTTER - 1930
34x24 (C)
Bozzetti
Caldanzano
Come la precedente, una targa caratterizzata da una grande ricerca cromatica, pur nella sua semplicità.
As in the previous image, this plaque is simple but a lot of thought has gone into the colour scheme.

6. IREOS PUCCI - 1930
34x24 (C)
Tommasini
Splendida per l'effetto cromatico molto legato al prodotto che pubblicizza.
Outstanding for the way the colour effect relates to the product being advertised.

Navi
Ships

Le navi che dopo la metà dell'Ottocento facevano il servizio per il trasporto di passeggeri cominciarono a trasformarsi da piroscafi a vere città galleggianti, con funzioni di collegamento tra le città dell'Europa e delle Americhe, in un mondo che all'inizio del Novecento era ancora immenso. Le navi attraversavano l'Oceano Atlantico e da ciò deriva il termine di transatlantico, che in seguito assunse un significato più ampio, stando a indicare una grande nave per il trasporto dei passeggeri, a prescindere dalla rotta percorsa. Nel 1876 la flotta Florio, con sede a Palermo, iniziò un servizio regolare di collegamento per passeggeri e merci tra la Sicilia e New York. Nel periodo che corre tra il 1880 e la prima guerra mondiale, circa quattordici milioni di persone lasciarono l'Italia diretti verso le Americhe; dato l'imponete flusso migratorio via mare, anche le società armatoriali di Germania, Francia, Inghilterra trovarono utile aprire agenzie marittime e varare navi per sfruttare questo flusso. Il 4 settembre 1881 dalla fusione delle due grandi flotte Florio (43 piroscafi) e Rubattino di Genova (38 piroscafi) venne creata la Navigazione Generale Italiana (NGI), seconda compagnia europea e quarta nel mondo. Le sue rotte coprivano il Mediterraneo, ma anche il Mar Nero, e arrivavano fin in India, Sumatra, Giava e Hong Kong. Fino al 1906 la NGI non ebbe rivali, ma in quell'anno fu fondato il Lloyd Sabaudo che si specializzò nei collegamenti con il Nordamerica: nel 1916 entrò in servizio la "Conte Rosso", la prima dei famosi quattro "Conti", grandi bastimenti transoceanici. Nel 1907 la NGI varò la "Principessa Jolanda", che subito dopo il varo si inclinò su un fianco, affondando lentamente. L'anno dopo fu varata la nave gemella "Principessa Mafalda", che fu l'ammiraglia della flotta per oltre vent'anni. La sistemazione dei passeggeri era insuperabile. Se la seconda classe poteva essere paragonata alla prima di altri piroscafi e la terza aveva ambienti spaziosi, la prima classe era addirittura sorprendente: grandi saloni e addirittura un ristorante con servizio à la carte. Inizia così l'epopea dei grandi transatlantici, con momenti di gloria, ma anche di tragedia, come nel caso del "Titanic" e del "Lusitania", inabissatisi nell'oceano.

The ships used for transporting passengers from the mid-19th century onwards began to change from steamships into authentic floating cities designed to connect cities in Europe to cities in the Americas, in a world which was still a vast place at the beginning of the 20th century. These ships crossed the Atlantic Ocean, so they became known as transatlantic liners, although the term soon came to be used for referring to any big ship for transporting passengers, regardless of the route being taken. In 1876 the Florio float based in Palermo began a regular passenger and goods transport service from Palermo to New York.

From 1880 to the 1st World War, about fourteen million people left Italy for the Americas; given the number of people travelling by sea, ship-builders in Germany, France and England decided it would be a good idea to open up shipping agencies and launch ships to serve all the immigrants.

On 4th September 1881, the Italian General Shipping Company (NGI) was formed from the merger of two big fleets, Florio (43 steamers) and Rubattino di Genova (38 steamers). This was the second biggest company in Europe and fourth biggest in the world. Its routes covered the Mediterranean and also the Black Sea, even reaching as far as India, Sumatra, Java and Hong Kong. The NGI was unrivalled until 1906, the year when Lloyd Sabaudo was founded to specialise in links with North America: the "Conte Rosso" began service in 1916, the first of the four famous "Conti" transatlantic liners. In 1907 the NGI launched the "Principessa Jolanda", which soon after being launched tipped on its side and slowly sank. The twin ship the "Principessa Mafalda" was launched the year after and was the float's admiral ship for over twenty years. Passenger comfort was of the highest standard. Whereas the second class could be compared to the first class on other steamers and the third had plenty of space, the first class was simply startling: huge drawing rooms and even a restaurant with an à la carte menu. This was the start of the heyday of ocean liners, which had its highs and lows, as in the case of the "Titanic" and the "Lusitani", which both sank into the ocean depths.

NAVIGAZIONE GENERALE
1900
70x100 (E)
Metalgraf
Bellissima l'associazione tra la piccola barca con le donne che salutano e il magnifico piroscafo sullo sfondo.
The small boat with women waving goodbye is beautifully associated with the magnificent steamship in the background.

1

2

3

4

5

1. NAVIGAZIONE GENERALE ITALIANA 1920
35x50
Brignola
Valore D

2. NAVIGAZIONE GENERALE - 1930
49x34 (C)
Metalgraf

3. LLOYD SABAUDO - 1930
45x65 (C)

4. LLOYD SABAUDO - 1920
32x45 (B)
Da notare come lo skyline di New York negli anni Venti fosse già ricco di grattacieli.
Note the 1920s New York skyline in the background, already full of skyscrapers.

5. ESPRESSO VENEZIA TRIESTE
1930
35x50 (D)
Metalgraf
Flumiani

1

2

1. NAVIGAZIONE ITALIA OVALE
1920
80x120 (E)
Metalgraf

2. LLOYD SABAUDO - 1920
140x100 (E)
Metalgraf
Zanolio
Come sempre le rappresentazioni di prua delle navi danno il senso dell'imponenza e della potenza di questi mezzi di trasporto.
All images of ship's hulls create a sense of the imposing size and power of this means of transport.

Farmaceutici
Pharmaceutical products

Fino all'avvento di studi chimici seri e programmati, i farmaci erano ricavati da erbe medicamentose, ed era solo la cultura erboristica del preparatore a distinguere una preparazione efficace da una inutile ai fini terapeutici.
Agli inizi del Novecento medici e farmacisti, partendo da composti base dagli effetti noti, producevano farmaci con proprietà ricostituenti, rigeneranti ed energizzanti, il tutto di solito garantito e sottoscritto da pazienti che avevano provato il farmaco: non potendosi sempre curare con successo almeno ci si rinforzava per poter meglio affrontare le malattie!

Until serious and carefully planned chemical studies were developed, drugs were made from medicinal herbs, and it was only the herbalist's skill and training that made the difference between an effective and a useless cure.
Working on basic compounds with known effects, doctors and chemists started making drugs with healing, fortifying and restorative properties in the early 20th century. All usually guaranteed and approved by patients who had tried the drugs: in the absence of any proper cures, they could at least give themselves a tonic to try and get over the illness!

1

1. FERRONOSIO FAVARA - 1900
37x24 (D)
De Andreis
I due bambini forti e belli sono un'ottima garanzia dell'efficacia e bontà di questo ricostituente.
Two strong and attractive children are excellent proof of the effectiveness and goodness of this tonic.

2

2. ACQUA MARZIALE - 1910
50x35 (C)
De Andreis
Quello che si dice portare in palmo di mano!
Carried in the palm of your hand, as they say!

3

3. ISCHIROGENO - 1910
34x24 (C)
Marazza
Questa volta è una persona anziana che si offre come garante del ricostituente mentre abbraccia un mondo simbolo di universalità.
This time it is in an elderly person who testifies to the powers of this tonic by embracing the world as a symbol of universality.

1

2

4

3

6

5

1. ODONTOFILO - 1910
19x48 (B)
Wieser
Il fatto divertente è che questo dentifricio non è reclamizzato come preventivo, ma come curativo del mal di denti!
The funny thing is that this toothpaste is not advertised to prevent tooth decay but to cure tooth ache!

2. VALDA - 1920
29x11 (B)
Il classico omino Valda presente in tutte le forme pubblicitarie.
The famous old Valda man found in all the adverts.

3. GORILL - 1920
34x24 (C)
Salamana
Wando
Un'immagine animalesca d'effetto per rendere l'idea di denti forti e sani.
A striking animal-like image to create an idea of strong, healthy teeth.

4. PROTON - 1930
44x30 (D)
Mastelli
Dudovich
Secondo alcuni questo sarebbe l'autoritratto dello stesso Dudovich.
Some people think this is a self-portrait of Dudovich himself.

5. POLVERI MONTI - 1920
diam. 35 (B)
De Andreis

6. FOSFOGENO - 1910
40x20 (B)
Lampugnani
Non è molto chiaro il significato del grande punto interrogativo.
The meaning of this big question mark is not clear.

1

2

3

4

1. PILLOLE MANZONI - 1910
50x35 (C)
Metalgraf
La donna seduta sembra proprio avere bisogno di un ricostituente: una targa un po' greve, mai comunque come il vassoio della Ferro china Guasti pubblicato in seguito.
The woman sitting down certainly looks in need of a tonic: a rather crude plaque but not as crude as the Ferro China Guasti tray that came out afterwards.

2. EMULSIONE BUCCO - 1920
60x40 (C)
De Andreis
A.L.Sacchi
È il saggio capofamiglia a dare il buon prodotto per la crescita all'infante.
It is the wise head of the family who chooses the right product to ensure his child grows up healthy.

3. CARLO ERBA - 1900
50x35 (C)
Metalgraf

4. EMULSIONE SCOTT - 1900
63x35 (D)
Latta Vienna
Una immagine molto usata dalla ditta per rendere più gradevole un prodotto che proprio non lo era.
An image the firm used a lot to make a not very pleasant product look nice.

1

2

3

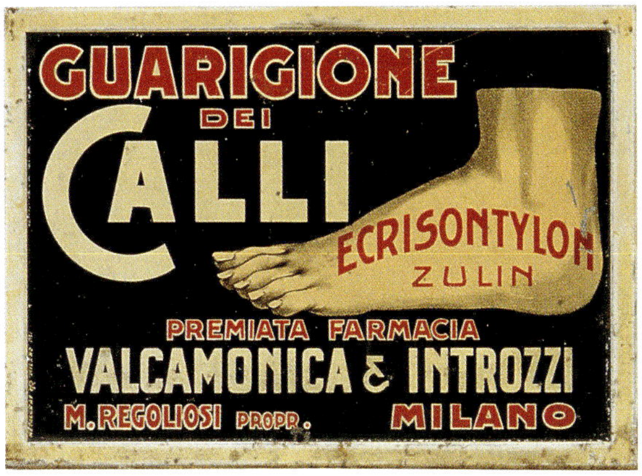

4

5

1. FARINA LATTEA FRIGERIO
1920
34x46 (C)
Marazza
De Strobl
Una grafica abbastanza banale per un pittore abbastanza quotato come De Strobl.
Rather bland graphics for such a highly considered painter as De Strobl.

2. FARINA LATTEA NESTLÉ - 1910
50x35 (D)
Questa volta è una rassicurante balia a reclamizzare il prodotto. Da notare il classico biberon di vetro inizio secolo.
This time it is a reassuring wet-nurse who advertises the product. Note the familiar glass baby's bottle from the early-20th century.

3. CALLI ECRISENTOLYN
1930
10x25 (A)
Metalgraf

4. CEROTTO BERTELLI - 1910
17x25 (A)

5. CHININO DI STATO - 1910
14x50 (A)
De Andreis

Lampadine
Lamps

1

La storia delle lampadine è una storia del Novecento, strettamente correlata con l'avvento dell'illuminazione elettrica. Solo nel 1906, alle Esposizioni Riunite di Milano, si ricorda la meraviglia che suscitava nei visitatori, nel padiglione elettrico, l'accensione di centinaia di lampadine tutte insieme.

The history of lamps is a 20th century story, closely tied to the advent of electric lighting. Visitors to the Esposizioni Riunite in Milan in 1906 were literally dazzled when hundred of lamps were switched on at the same time.

2

4

3

5

1. RADIO - 1930
30x20 (B)
Cellograf
Un'immagine caricaturale, quasi scimmiesca, per pubblicizzare queste lampadine.
An almost mocking caricature to advertise this lamp.

2. LEUCI - 1930
49x34 (B)
Mastalli
Essenziale come sempre nello stile di quegli anni.
Simple as always in the style used back then.

3. LAMPADE EDISON - 1920
46x34 (B)
Metalgraf

4. LAMPADE Z - 1920
30x55 (B)
Metalgraf

5. LAMPADE Z - 1920
55x22 (A)
Navoni

Radio cine foto
Radio film photography

La prima cinepresa per uso amatoriale è del 1921 e fu inventata da Charles Pathé, il quale iniziò la produzione in formato 9,5 mm che potevano essere rivisti con un apposito proiettore: il Pathé Baby.
Fantastica questa immagine di Mauzan, in cui alla soddisfazione del nonno che mostra le immagini cinematografiche, si associano i visi dei due ragazzi che con gioia guardano il filmato e lo stupore della piccola bimba per questa meraviglia.

The first amateur film camera dates back to 1921 and was invented by Charles Pathé, who began 9.5 mm film production that could be shown using a special projector: the Pathé baby.
This fantastic image by Mauzan matches the grandfather's delight as he shows the film images to two boys, who watch the film in wonder, with the astonished expression of a young girl.

1

2

1. PATHÉ BABY - 1920
34x24 (B)
De Andreis
Mauzan

2. FOTOGRAFO ROSSETTI - 1890
50x25 (D)
Saupe & Bush
Il fotografo del biellese ebbe l'idea, alla fine dell'Ottocento, di riempire la sua zona con queste targhe per fare pubblicità al suo negozio. Se si tiene conto che non si trattava di un grosso esercente commerciale, si può dire che è stato un vero antesignano.
The photographer from Biella had the idea in the late-19th century of filling his neighbourhood with these plaques to advertise his shop. Bearing in mind that he had a relatively small business, he was a real forerunner in his field.

3

4

3. RADIO ORION - 1930
25x15 (C)
Particolare questa targa Dèco, che contiene al suo interno un calendario.
This unusual Deco plaque contains a calendar.

4. EIAR - 1940
diam.32 (C)
Metalgraf
Munari
Un primo esempio di essenzialità grafica e cura degli accostamenti dei colori di quel grande disegnatore che fu Munari.
A first example of simple graphics and careful attention to colour combinations characterising the great Munari's designs.

Sali e tabacchi
Salts and tobaccos

I conquistatori spagnoli riferirono di primitive sigarette fumate dagli aztechi: il tabacco triturato era avvolto in foglie di granturco e fumato, ma presto le foglie furono sostituite da foglietti di carta.
Nell'Ottocento cominceranno a sorgere in Europa i primi monopoli di natura fiscale: di fatto si poteva produrre e vendere tabacchi una volta ottenute le autorizzazioni e dietro pagamento di una tassa prestabilita, il che procurava agli Stati guadagni enormi.
Nel 1920 la Direzione Generale dei Monopoli istituiva in Italia le Rivendite di Stato, gestite direttamente dall'amministrazione pubblica e poste nelle città capoluogo di provincia con popolazione superiore alle 100.000 unità.

The Spanish conquistadors spoke of primitive cigarettes smoked by the Aztecs: crushed tobacco was wrapped in corn leaves and then smoked, but the leaves were soon replaced by sheets of paper. The first tax monopolies started to appear in Europe in the 19th century: tobacco could only be manufactured and sold after obtaining a permit and paying a fixed duty, which allowed governments to make huge profits.
In 1920 the General Monopolies Commission set up the Government Tobacconists Association managed directly by the public administration and located in provincial capitals with over 100,000 inhabitants.

1

2

4

3

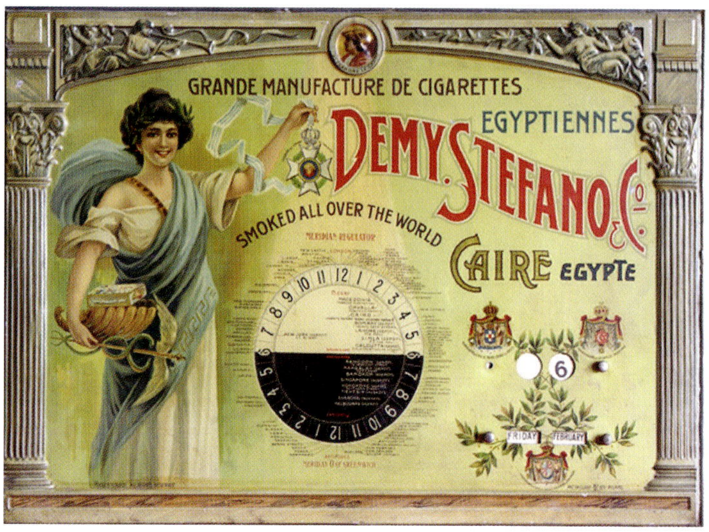

5

1. DIMITRINO - 1910
diam.40 (C)
De Andreis
La Dimitrino fu una famosissima produttrice di sigarette: si calcola che arrivò a produrre più di 50 scatole diverse di sigarette sotto diversi marchi, tutte con un carattere esotico e orientaleggiante tale da stimolare la fantasia popolare.
The Dimitrino firm was a famous cigarette manufacturer: it is estimated that it produced over 50 different tins of cigarettes under various trade names, all exotic and eastern-looking to wet the people's appetites.

2. ARAKS - 1920
35x50 (C)
De Andreis

3. SALI E TABACCHI - 1930
50x30 (D)
Metalgraf

4. CIGARILLOS LA FAVORITA
1930
50x70 (D)
De Andreis

5. DEMY - 1910
40x60 (D)
Metalgraf
Eccezionale l'idea di trasformare l'oggetto pubblicitario in un oggetto utile: era anche calendario e mostrava i fusi il cui stesso concetto era privilegio per pochi viaggiatori.
The brilliant idea of turning an advertising object into something useful: it was also a calendar showing different time zones, the very idea of which was the privilege of just a small number of travellers.

Biciclette
Bicycles

La prima bicicletta si può considerare quella creata da Ernest Michaud, che nel 1861, con un mezzo costituito da una ruota anteriore grande e una posteriore piccolissima, scorrazzò per gli Champs Elisées tra la meraviglia della gente. La macchina fu chiamata biciclo. Il successo fu tale che Michaud nel giro di due anni costruì artigianalmente più di 500 modelli. Dato che l'uomo in tutte le sue manifestazioni è molto competitivo, già nel 1868 si disputava la prima corsa ciclistica: lunga 1200 metri venne vinta dall'inglese James Moore. L'anno seguente venne organizzata la Parigi-Rouen, la prima corsa ciclistica su grande distanza.
Nel 1879 l'applicazione fondamentale della catena, che riprendeva l'idea da Leonardo (il quale aveva disegnato il primo prototipo di bicicletta nel 1490), e successivamente l'introduzione prima di para vulcanizzata da parte di Dunlop e poi del copertone da parte di Michelin, più veloce da cambiare in caso di foratura, migliorarono la qualità delle prestazioni.
Le due ruote assunsero la stessa dimensione, e in seguito un milanese, Giovanni Pirelli, acquistò un brevetto artigianalo, cho aggiunse al copertone una camera d'aria isolata interna, sostituita solo recentemente dal tubolare di seta.

The first bicycle was designed by Ernest Michadu, who rode along the Champs Elysées on a contraption with a large front wheel and a tiny rear wheel, much to everybody's amazement. The contraption was called a bike. It was so successful that Michaud made over 500 by hand within two years.
Hardly surprising bearing in mind how competitive people are, the first bike race took place in 1868: the 1200-metre-long race was won by the Englishman James Moore. The following year the Paris-Rouen race was organised, the first long-distance bike race.
Performances improved after the chain was crucially added on in 1879, based on an idea by Leonardo da Vinci (who designed the first prototype for a bicycle in 1490), followed by Dunlop's vulcanised rubber wheels and then Michelin's tyres.
The wheels were made the same size and then Giovanni Pirelli from Milan acquired the patent and introduced inner-tubes, which have only recently been replaced by silk tubular tyres.

1

2

1. PIRELLI - 1920
65x48 (E)
Metalgraf
Codognato
Anche se non è una targa molto rara, è talmente bella e ricercata che il suo valore continua ad aumentare.
Although this is not a very rare plaque, it is so beautiful and popular that it keeps rising in value.

2. PNEUS PIRELLI - 1910
65x48 (E)
Metalgraf
Bellissima per il senso di velocità dato dal grafico.
The graphics are outstandingly beautiful for the sense of speed they convey.

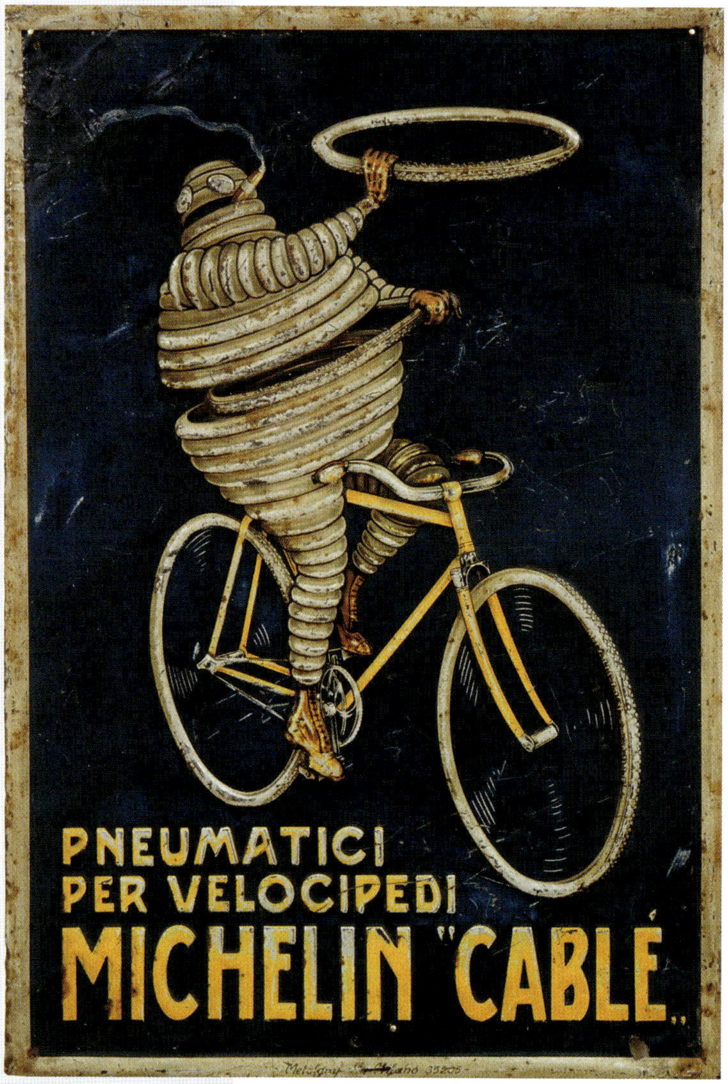

1

3

2

1. PNEUMATICI MICHELIN - 1910
49x34 (D)
Metalgraf

2. PNEUMATICI MICHELIN - 1920
49x34 (D)
Metalgraf
Due precoci immagini del bibendum, l'omino di gomme creato per la Michelin e suo logo. In particolare quello con costume tirolese non era conosciuto né pubblicato su alcun libro della Michelin.
Two early images of the bibendum, the rubber man created as the Michelin logo. The one wearing the dirndl costume was unfamiliar and not published in any Michelin book.

3. DEPOSITO PER VELOCIPEDI
FABBRE & GAGLIARDI - 1890
33x57 (C)
Matossi
Una grafica quasi fumettistica moderna per questa targa di fine Ottocento.
Almost modern comic strip-style graphics for this late-19th century plaque.

1

2

3

4

5

6

1. CICLI MAINO - 1920
100x70 (D)
Metalgraf
Il grande Girardengo, ancora una volta trionfatore, pubblicizza queste biciclette.
The great Girardengo, having won yet another race, advertises these bikes.

2. CICLI GHELFI - 1930
50x70 (C)
Metalgraf
Anche qui è un campione, questa volta minore, a pubblicizzare un marca, anch'essa minore!
Here is another lesser known champion cyclist advertising a less important brand!

3. CICLI GERBI - 1930
48x34 (C)
Riotti
Questo gregario di Girardengo, messosi in proprio e ormai con un po' di pancetta, pubblicizza le biciclette di sua produzione.
Here is one of Girardengo's old team mates, now with his own business and having put on a bit of weight, advertising his own bicycles.

4. CICLI WILSON - 1920
25x35 (C)
Bozzetti

5. EQUIPE LEGNANO - 1920
35x25 (B)
Coen
Manlio

6. BICICLETTE WOLSIT - 1920
35x25 (B)
Coen
Manlio
Una grafica essenziale, ma efficace, che sfrutta ancora una volta la notorietà del campione.
Simple but effective graphics again featuring a great rider.

Motociclette
Motorbikes

Le origini della motocicletta si intrecciano con quelle dell'automobile, giacché i costruttori partirono tutti da un modello a tre ruote per passare poi a quattro o a due. Il primo a presentare al pubblico un mezzo dotato di motore fu Benz, che il 3 luglio 1886 presentò un veicolo a tre ruote e lo brevettò come veicolo con motore a scoppio.
Il brevetto non era però difendibile e così in breve tempo nacquero moltissimi veicoli di questo tipo.
Furono i fratelli Werner, a Parigi, nel 1898, a mettere in commercio il primo motociclo, presto ribattezzato al femminile come motocicletta, "l'amante" più desiderata dagli uomini di ogni ceto.
Nel 1903 vi fu la sfida tra Francia e Inghilterra per stabilire che costruisse le migliori moto: vinse la Francia a 86 Km/h con una moto di 3000 cc.
Nel 1907 venne organizzato all'isola di Man il primo Tourist Trophy. Il primo motoclub italiano fu fondato a Milano nel 1911.

The origins of motorbikes and motorcars are interrelated, since all constructors began with a three-wheeled model before developing two- and four-wheeled vehicles. Benz was the first to build a vehicle with an engine and presented his three-wheeled model on 3rd July 1886, which was patented as a vehicle with an internal combustion engine. It was impossible to hold onto the patent, so plenty of vehicles like this soon appeared.
It was the Werner brothers in Paris who brought the first motorcycle onto the market in 1898, whose name was soon changed to motorbike, the favourite "lover" of men from all social backgrounds.
France and England battled it out in 1903 to produce the best motorbikes: France won with a speed of 86 km/h and a 3000 c.c. engine.
The first Isle of Man Tourist Trophy was organised in 1907, and the first Italian automobile association was founded in Milan in 1911.

1

2

3

1. PIRELLI - 1930
65x48 (D)
De Andreis
Bassi
Un'altra targa non rara, ma molto ricercata che dà tutto il senso di potenza del motore.
Another plaque that is not rare but much sought after, since it provides a fine idea of the power og an engine.

2. MICHELIN - 1950
25x13 (A)

3. MICHELIN - 1950
25x20 (A)
Il bibendum si è adeguato ai tempi!
The bibendum has been upgraded!

Lubrificanti e accessori per auto

Oils and car accessories

Con lo sviluppo dell'automobilismo, tutto il mondo che lo circonda (benzina ,olii, accessori) seguì di pari passo lo sviluppo tecnologico e presto la gestione dei materiali di supporto si rivelò un cospicuo affare. Ai materiali italiani si affiancavano quelli stranieri importati o prodotti su licenza.

As the care industry developed, everything associated with it (fuel, oils, accessories) kept up with technological progress, and materials soon turned out to be a profitable business.
Italian materials were soon matched by foreign materials, either imported or manufactured on licence.

1

2

3

4

5

1. SHELL - 1930
70x50 (D)
Metalgraf
Mazza
Non si capisce l'immagine del bambino, ma fatto sta che quello disegnato da Mazza accompagnò a lungo le campagne pubblicitari italiane della Shell.
You cannot make out the image of a child, but this figure drawn by Mazza characterised Shell's Italian advertising campaigns for a long time.

2. AUTO RAPID OIL - 1930
50x35 (D)
Passero
Con più logica, questa volta, sono due piloti a indicarci l'olio per motori "giusto".
More logically in this instance, it is two drivers pointing to the "right" engine oil.

3. LAMPO BENZINA SUPERIORE
1920
31x57 (D)
Caldanzano

4. LAMPO BENZINA SUPERIORE
1920
31x57 (C)

5. ATLANTIC OIL - 1920
70x50 (C)
Metalgraf

1

2

3

4

6

5

7

1. PETROLIO AUREOLA - 1920
50x70 (B)
De Andreis

2. BENZINA SHELL - 1910
60x60 (C)

3. OLEOBLITZ - 1920
diam. 60 (C)
Metalgraf

4. SPIDOLEINE - 1920
60x40 (C)
Muggiani
De Andreis

5. OLIO TOURING FOLTZER - 1920
35x25 (C)
Marazza

6. ROMOIL - 1920
70x50 (E)
I lubrificanti danno un'incredibile potenza all'automobile.
Oils give an incredible power to the car.

7. ITALOIL - 1920
39x59 (B)
Passero
Zheligh
Non si può proprio dire che già agli albori dell'automobilismo non ci fosse una vasta scelta di olii per motori.
You certainly cannot deny that there was a wide range of engine oils available in the 1920s.

1

2

3

4

1. PETROLI SPLENDOR - 1900
100x70 (D)
De Andreis
Il petrolio non veniva usato solo in campo automobilistico, ma, in tempi in cui non era ancora diffusa l'elettricità, veniva impiegato anche per uso domestico.
Oil was not only used in the car industry, it was also used in the home in the days before electricity was widely available.

2. LUBRIFICANTI PANTEXAS
1930
70x50 (C)
Muggiani

3. SIRIUS MOTOROIL - 1940
60x40 (C)

4. LAMPADE EDISON - 1930
34x46 (C)
Metalgraf
Così potenti da illuminare la notte!
Powerful enough to light up the night!

1. FIAT
1930
35x25 (C)
Metalgraf
Nizzoli
L'immagine di Nizzoli piacque così tanto da venire usata anche negli anni Cinquanta, molto più stilizzata.
Nizzoli's image was so popular, a much more stylised version was even used in the 1950s.

2. ELIOS - 1930
35x25 (B)
Metalgraf

3. PNEU PIRELLI - 1910
60x90 (F)
Rooney
L'abilità del grafico nel rendere il senso della velocità agli albori dell'automobilismo da corsa.
The graphics ability in rendering the sense of speed at the dawn of car racing era.

1

2

3

Varie
Miscellaneous

1

2

3

4

1. ASSICURAZIONI L'ITALIANA
1910
60x80 (D)
Sono molto rare le targhe di assicurazione con bella grafica ma questa a tema patriottico fa decisamente eccezione.
Plaques with nice graphics for insurance companies are extremely rare, but this patriotic specimen is a real exception.

2. CASSEFORTI BECHER & HILDESHEIM - 1890
42x36 (C)
L'uomo armato di ogni possibile strumento nulla può contro le robustissime casseforti.
A man armed with every imaginable tool cannot do anything against these tough safes.

3.UTENSILI PER CASA BRAMBILLA
1900
25x15 (A)
Cellograf

4. STRUMENTI MUSICALI ROTH
1910
52x21 (C)
Curiosa l'immagine di questi fili che escono dalla bocca della donna.
A strange image of strings coming from a woman's mouth.

1

2

1. TRIBUNA - 1910
50x34 (E)
Metalgraf
Mataloni
Mataloni è considerato un grande grafico, e questa immagine è considerata così importante da meritarsi la copertina dei fondi oro del XX secolo della Bolaffi.
Mataloni is considered a great graphic designer, and this image is considered important enough to go on the cover of Bolaffi's 20th century gold funds.

2. KAPOK - 1920
50x70 (D)
Metalgraf
Ballerio
La donna si abbandona con piacere su questi piacevoli materassi.
A woman lets herself go in ecstasy on these lovely mattresses.

ACQUISTATE PRODOTTI ITALIANI
1930
100x70 (E)
Metlicovitz
Metalgraf
La splendida targa di Metlicovitz ci rimanda alla necessità in tempi di autarchia di sostenere il prodotto fatto in casa, sinonimo oltretutto di qualità.
Metlicovitz wonderful plate reminds autarchy times when there was the need to sustain home-made products, which also were synonimous of quality.

1

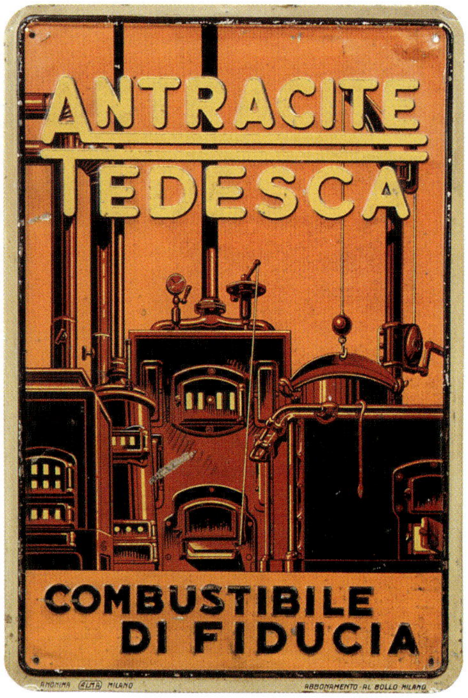

2

3

4

5

1. ANTRACITE TEDESCA - 1920
49x33 (A)
Alma

2. CERA ROB - 1930
32x23 (B)
Bozzetti
Crepaldi

3. LAME ALITA - 1950
30x20 (B)
Metalgraf
Bocassile

4. ABBIGLIAMENTO MARINI - 1920
20x20 (A)
Cellograph

5. RAZZIA - 1920
20x8 (A)

Orologi
Clocks and watches

Gli orologi hanno un posto speciale nel collezionismo delle targhe litografate, perché di esse, nonostante l'utilità, se ne sono conservati pochissimi esemplari, che sono di conseguenza di grande valore.

Clocks and watches have a special place in collections of lithographed plaques, because, despite how useful they are, there are only very few specimens still around, which means they are extremely valuable.

1

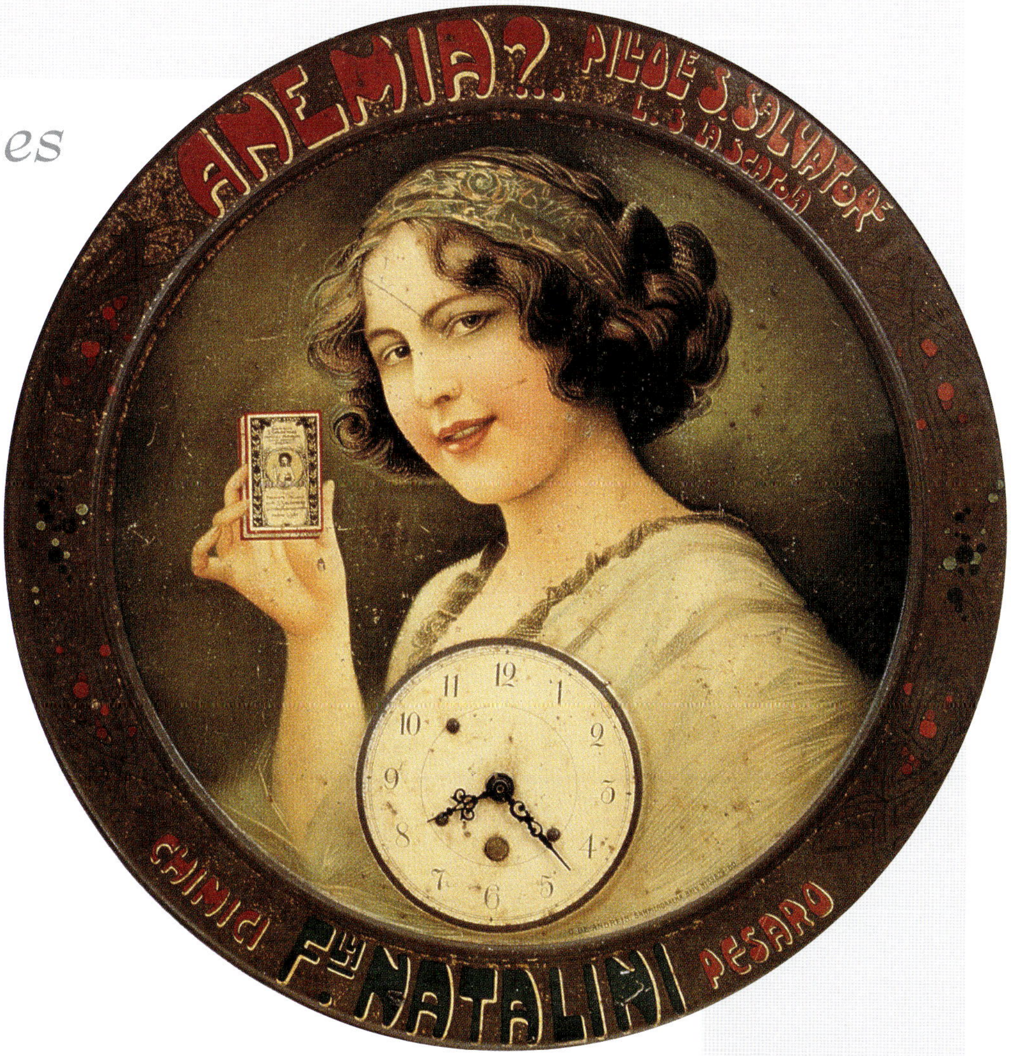

2

3

1. PILLOLE S.SALVATORE - 1910
diam. 45 (E)
De Andreis
Guerzoni
Essere anemici all'inizio del secolo non era poi così infrequente, anche per le cattive condizioni nutrizionali in cui versava una larga fetta della popolazione, per cui aveva larga presa un prodotto che potesse risolvere questo problema sanitario.
Being anaemic was not so unusual at the start of the century, partly due to the poor nutritional health of much of the population, so a product providing a remedy to this health problem was bound to be popular.

2. COEN - 1900
62x34 (C)

3. ACQUA MINERALE CLAUDIA
1910
diam. 45 (E)
Inusuale il ritratto di due personaggi che, anziché assaporare il vino, degustano con piacere un bicchiere d'acqua.
An unusual portrait of two people who, instead of drinking wine, are enjoying a glass of water.

1

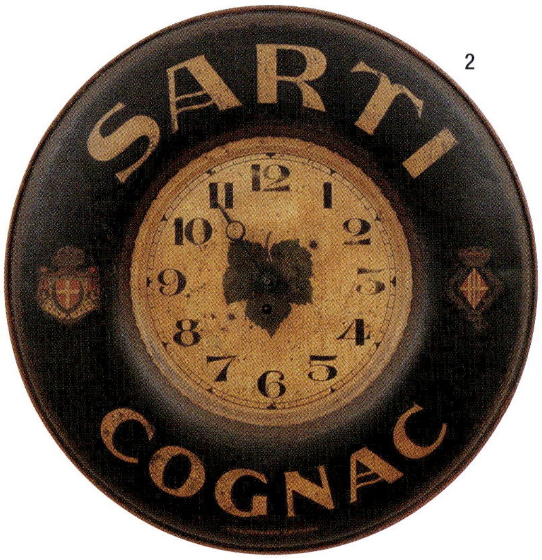

2

3

4

5

1. AJMAR - 1920
diam. 33 (C)

2. COGNAC SARTI - 1930
diam. 47 (A)

3. LIQUORIFICIO MARZAGALLI
LANDRIANO - 1920
diam. 47 (C)
De Andreis

4. VENEZIA CON NUOVO
CAMPANILE 1910
diam. 45 (A)
Tessari

5. SUPER IRIDE - 1930
28x28 (B)

MARTINI & ROSSI - 1900
60x31 (E)
Gozzi
Un esempio splendido della commistione tra l'immagine molto nota della Martini fustellata e quella "incastonata" all'interno di una bordura in latta ottonata per darle maggior risalto.
A magnificent combination of Martini's extremely well-known "punched" image and its image "framed" inside a brass-plated tin border to make it stand out.

Termometri
Thermometers

I termometri dei primi del XX secolo, che, grazie alla loro caratteristica forma sagomata, ingentiliscono l'oggetto con un implicito richiamo al Liberty, rendendolo, al di là dello scopo pubblicitario, un gradevole complemento d'arredo, erano per lo più prodotti dalla ditta Prager e Lloyda di Berlino, specializzata sin dalla fine dell'Ottocento in produzioni litografiche su latta.

Early-20th century thermometers, which, thanks to their distinctive design, lighten up the object through an implicit allusion to the Liberty style, making it a nice furnishing accessory (leaving aside advertising purposes), were mainly made by the Prager and Lloyda firm in Berlin, which specialised in lithographic design on tine from the late 19th century onwards.

1

2

3

4
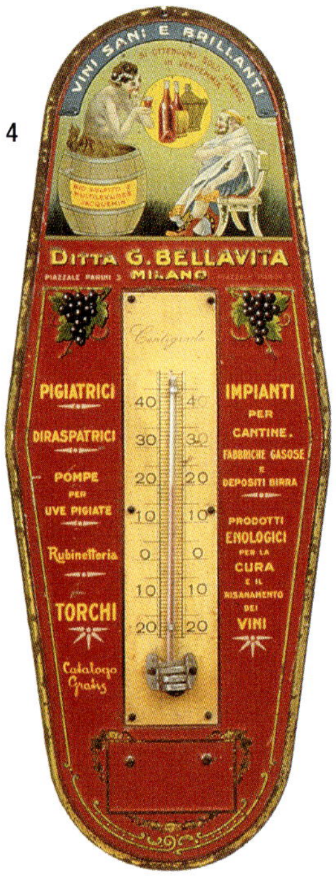

5
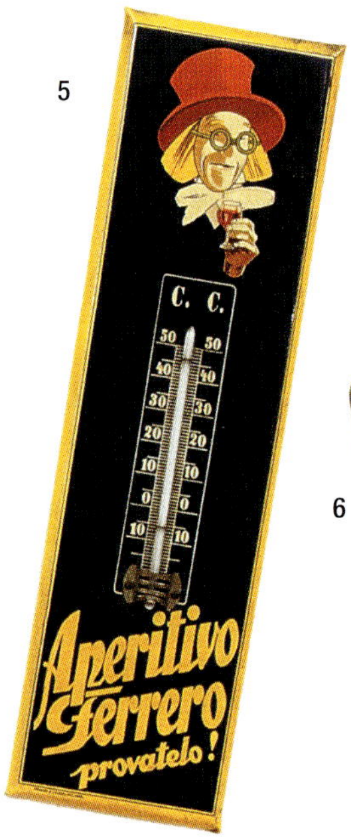

6

10
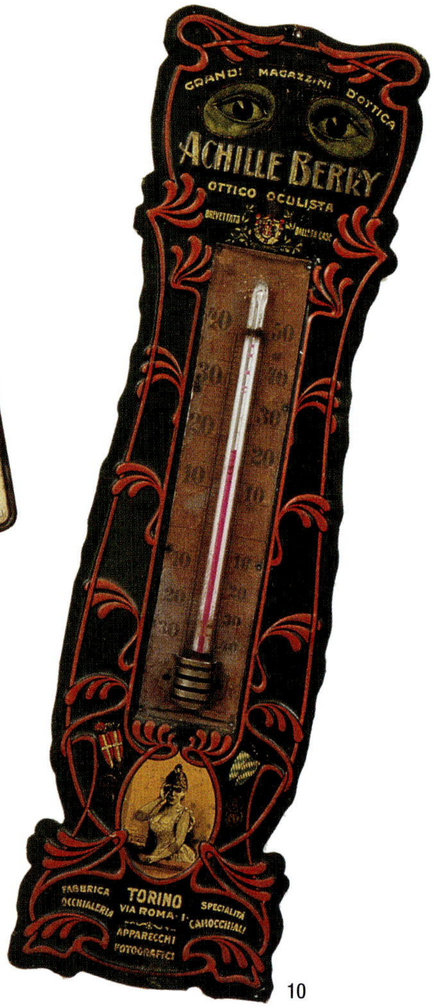

7

8

9

1. SPUMANTE CONTRATTO
CANELLI - 1920
50x14 (B)
Prager

2. VERMOUTH CHAZALETTES
1920
50x14 (C)
Prager

3. VERMOUTH CHAZALETTES
1920
50x14 (C)
Prager

4. DITTA BELLA VITA - 1930
48x18 (A)

5. FERRERO - 1930
31x9 (A)
Prager

6. OTTICA BERRY - 1930
40x12 (B)
Metalgraf
Golia

7. CREOSINA BOSIO - 1900
50x14 (C)
De Paolini-Matossi

8. PASTIGLIE VALDA - 1910
57x18 (A)

9. PASTIGLIE PANERAY - 1910
50x14 (B)

10. OTTICA BERRY - 1900
50x14 (C)
De Paolini- Matossi

1

2

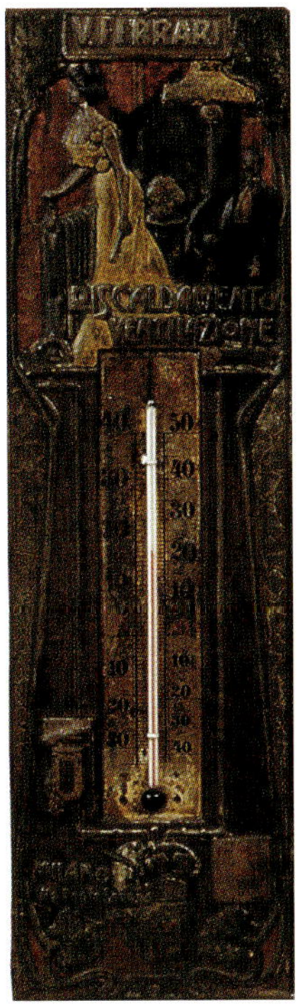

3

4

5

6

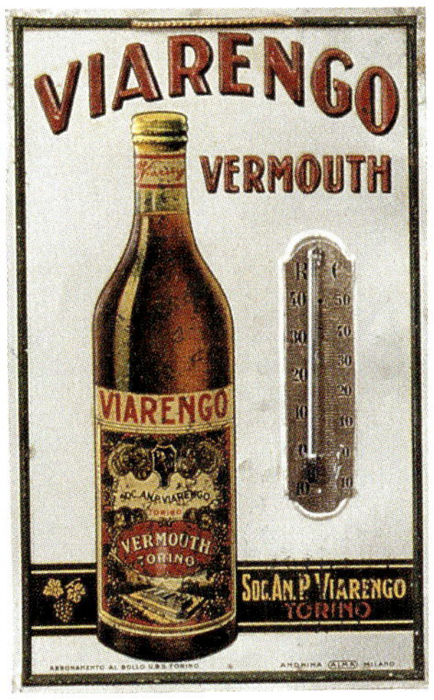

7

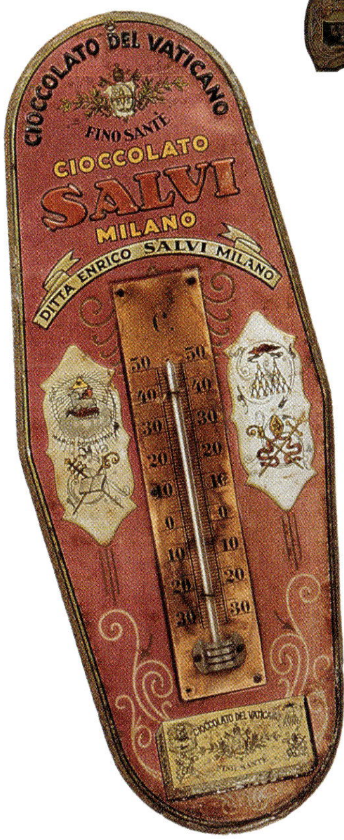

8

9

1. ZENITH - 1910
41x17 (C)
Sauppe & Bush

2. RISCALDAMEBNTO FERRARI
1910
50x14 (B)
Prager

3. BACOLOGICO PASQUALIS
V.VENETO - 1920
50x14 (B)

4. MIGONE - 1900
50x14 (B)
De Paolini- Matossi

5. CHOCOLAT COMPAGNIE SUISSE
1910
50x14 (A)

6. CIOCCOLATO REVEL - 1910
50x16 (C)
Prager

7. VERMOUTH VIARENGO - 1930
27x17 (A)
Anonima Alma

8. CIOCCOLATO SALVI - 1930
48x18 (B)
Prager

9. VENCHI - 1930
40x12 (D)
Metalgraf
Cappiello

Piatti
Plates

I piatti sono un veicolo pubblicitario particolare, perché, pensati come oggetti non solo da esporre in un esercizio commerciale, ma anche da regalare al cliente che poteva portarli a casa (vedi i piatti della Luigi Rossa regalati ai clienti all'esposizione di Milano del 1906), avevano splendide dorature ed erano molto spesso decorati con volti di donna.
In alcuni casi, come quelli del panforte Sapori di Siena, recavano immagini legate alla città e al Palio, la più importante manifestazione senese.

Pates are a special means of advertising, because they are not just designed to be displayed in shops but also to be given to customers to take home (e.g. Luigi Rossa's plates given to customers at the Milan Fair in 1906). They were magnificently gilded and mainly decorated with women's faces.
In some cases, such as Sapori di Siena's special Christmas Cake, they showed pictures of the city and its unique horse race, the most important in the entire region.

1

3

2

4

1. SAGRINA
1910
diam. 40 (D)

2. PASTIFICIO LIGUORI
1920
diam. 40 (D)

3. SERRAVALLO
1910
diam.40 (E)

4. MARASCHINO VLAHOV - 1920
diam. 40 (C)
De Andreis
Tessari

2

1

3

4

5

1. MORIONDO e GARIGLIO - 1920
diam. 40 (D)

2. PANFORTE SAPORI - 1920
diam. 32 (C)
Metalgraf

3. PANFORTE SAPORI - 1920
diam.32 (C)
Metalgraf

4. FERROCHINA BALIVA - 1930
diam.40 (B)

5. LUIGI ROSSA
(dell'esposizione di Milano) - 1900
diam. 35 (C)
Ranci

Vassoi

Trays

I vassoi sono ancora oggi il veicolo pubblicitario più semplice per far conoscere un prodotto al cliente. Essi sono tuttora distribuiti negli esercizi legati al prodotto stesso, sebbene con l'inconveniente che, essendo per lo più usati e lavati spesso, non è facile trovarne di antichi in buone condizioni. Il numero di vassoi noti è talmente elevato che potrebbe essere oggetto di una pubblicazione futura. Qui riportiamo solo un esempio di alcuni tra quelli figurati che riteniamo più belli.

Trays are still the simplest means of advertising a product to potential customers. They are still found in businesses connected with the product being advertised, although the problem is that it is hard to find any in good condition, due to how often they are used and washed. There are so many trays around that a book could be written about them in the future. Here are just some of what we consider to be the most beautiful trays.

1

2

3

4

1. GANCIA - 1900
diam.30 (C)
Metalgraf
G.Clini
Questa tipologia di vassoio a bordo alto, molto diffusi nei paesi anglosassoni, soprattutto negli Stati Uniti, veniva relativamente poco usata in Italia.
This kind of tray with a tall edge is popular in Anglo Saxon countries, particularly the United States. They were not used much in Italy.

2. BISCOTTIFICIO SAN MARTIN
Diam.30
Metalgraf (C)

3. BETITONI - 1910
diam. 30 (B)

4. GANCIA - 1890
30x40 (D)
De Andreis
Incredibile come possa essere giunto sino a noi questo vassoio dalla litografia estremamente delicata, che ci rimanda a un caffè inizio secolo con dame e ufficiali.
It is hard to believe that this tray, with an extremely delicate lithographic design of an early-20th century café full of ladies and officers, is still intact today.

1

2

3

4

5

6

1. MARTINI - 1900
20x30 (D)

2. VINI IVALDI - 1910
20x30 (A)

3. RATAFIA' ANDORNO - 1910
35x25 (A)

4. MARSALA FLORIO - 1920
35x25 (A)

5. FERRO CHINA BALIVA - 1920
34x25 (A)

6. LIQUORI BALIVA - 1920
25x35 (A)

1

2

3

4

5

1. FERNET DE VECCHI - 1920
25x35 (B)

2. ISOLABELLA - 1910
25x35 (B)

3. PEDRONI - 1920
35x45 (A)

4. ISOLABELLA - 1910
diam.24 (B)

5. FERNET DE VECCHI - 1900
20x30 (C)

1

2

3

4

5

6

1. CAFFÈ ROSSA - 1900
40x25
Navoni (C)

2. FERRO-CHINA GUASTI - 1900
30x20 (B)

3. TALMONE - 1920
45x35 (C)

4. PEDRONI - 1910
35x45 (C)

5. LUCIDI WILSON - 1900
35x25 (B)

6. OLIO D'OLIVA AMORETTI - 1900
30x20 (A)
De Paolini Matossi

1

2

3

4

5

6

7

1. AMARO BALILLA - 1930
35x25 (C)

2. BISCOTTI MONDINO - 1910
25x35 (B)

3. BISCOTTI LAZZARONI -1900
25x35 (C)

4. FERRO-CHINA GARRONI - 1920
35x25 (B)

5. CINZANINO - 1900
25x35 (A)
Edel

6. GANCIA - 1920
40x30
Pagani
Golia (A)

7. LUCIDI EBANO
1930
35x25 (A)

1

2

3

5

4

6

7

1. AMARO AVALLE - 1920
25x35 (A)
Cappiello

2. ISOLABELLA - 1930
25x35 (A)

3. TRINCHIERI - 1940
25x35 (A)

4. TRINCHIERI - 1940
25x35 (A)
Mingozzi

5. CHANOUSIA - 1940
25x35 (A)

6. CEDRATA TASSONI - 1940
25x35 (A)

7. VIARENGO - 1930
25x35 (A)
Golia

1

2

3

4

5

6

1. COGNAC SARTI - 1930
25x35 (A)
Cappiello

2. APERITIVO POKER - 1930
35x25 (A)

3. CHAZALETTES - 1920
35x25 (A)

4. APERITIVO ROMA - 1920
25x35 (A)

5. PACAGNELLA - 1920
25x35 (A)

6. OLIO TOMATIS - 1930
25x35 (A)

Costruire una collezione
Building a collection

Al contrario delle targhe su ferro smaltato, quelle su lamiera litografata sono molto più deperibili se esposte all'aria aperta: la luce solare le decolora rapidamente, le intemperie le intaccano rapidamente facendole arrugginire, ed è molto più facile graffiarle, strapparle e rovinarle. Se ai giorni nostri se ne trova ancora qualcuna sui muri, sarà completamente arrugginita e si riuscirà a identificare qualcosa solo se esistevano delle parti in rilievo (le targhe litografate più comuni ancora da reperire sui muri sono quelle assicurative antincendio).

Le targhe litografate in buone condizioni sono quelle che venivano esposte all'interno dell'esercizio commerciale, che poi venivano rimosse e conservate in qualche cantina rigidamente asciutta, in quanto l'umidità porta a un rapido deterioramento della latta. Detto questo, che consigli possiamo dare al collezionista neofita? Anzitutto, ai giorni nostri è molto difficile cominciare una collezione di questo tipo, perché sono sempre meno le targhe litografate ritrovate. Inoltre, quando capita una scoperta, il ritrovamento segue canali di vendita preferenziali, diretti ai collezionisti già consolidati. Infine, in alcuni casi le quotazioni raggiunte possono scoraggiare il principiante.

Pur con queste premesse, il modo migliore di cominciare è di rivolgersi ai collezionisti noti, perché di diverse targhe sono stati ritrovati numerosi esemplari ed essi sanno dove se ne possono rinvenire ancora. In molti casi, poi, si possono acquistare da questi collezionisti pezzi interessanti, che essi possiedono in doppio esemplare o per i quali non hanno più interesse. Il passo successivo è di conoscere quanti più raccoglitori e rigattieri possibile, soprattutto quelli non ufficiali, che sono tanti, ma hanno stabilito con la gente dei paesi un rapporto fiduciario, e di informarli di cosa si sta cercando. Indispensabile è poi la frequentazione dei vari mercati e mercatini dell'antiquariato, cercando di scegliere quelli meno noti e meno battuti da altri collezionisti, senza però mancare qualcuno dei grossi. A tale proposito, consigliamo in particolare Nizza Monferrato, Borgo d'Ale, Cherasco in Piemonte, Milano Navigli, Gonzaga e Castelleone in Lombardia, Cortemaggiore e Fontanellato in Emilia e Piazzola sul Brenta nel Veneto. Non si può ovviamente dimenticare Parma con i suoi due grandi Mercante in Fiera e le due manifestazioni minori Bagarre ed Emporium, dove si ritrova tutto il mondo del collezionismo di ogni tipo. Esistono poi negozi specializzati che trattano pubblicità. Qui ricordiamo in particolare il Globe Theatre di Steno Tonelli alla galleria 38 bis del Center Gross di Bologna, il negozio di Antonio Niero in via S. Vitale 51 sempre a Bologna, la galleria l'Image di Alassio di Antonio Bellenda, il negozio di Adriano Cena a Varese. Nelle fiere del piccolo collezionismo e dei fumetti, così come in quelle del ciclo e motociclo, può capitare di imbattersi in targhe litografate, perché sono oggetti da collezionismo che danno l'accesso a cantine e garage, dove a volte esse giacciono dimenticate. Un'altra possibilità di acquisto sono le aste, dove però la targa ha già raggiunto la sua piena valutazione commerciale. In Italia c'è l'Asta Bolaffi, che si tiene due volte all'anno. Prima della pubblicazione di questo libro ci si poteva imbattere in enormi disparità nella valutazione delle targhe, assolutamente senza logica, in quanto per lo più affidate al giudizio del tutto personale di chi vende, senza distinguere tra targa e targa, tra grafica e grafica, tra periodo e periodo. Una buona regola dopo la pubblicazione del libro è quella di non comprare mai fuori prezzo, perché si gonfia un mercato che ha già raggiunto livelli molto elevati. Il venditore si sente autorizzato ad alzare il livello della richiesta a ogni pezzo ritrovato, ma a volte è meglio rinunciare e restare in linea con la logica del mercato. Questa regola non vale naturalmente se il pezzo è eccezionalmente bello e raro o particolarmente agognato: bisogna comunque tenere conto che certi pezzi si vedranno una sola volta nella vita. La migliore regola per chi comincia è quindi quella di lasciarsi condurre dagli occhi e dal cuore, ma di avere sempre con sé questa guida che può aiutare, se non a non sbagliare, per lo meno a sbagliare di meno.

Unlike enamelled iron plaques, lithographed metal plaques are much more sensitive to the air: they soon fade in sunlight and rust quickly if left outdoors in bad weather, so they are much more easily scratched, broken or damaged in general.

If, nowadays, you happen to come across some on walls, they will have rusted away completely and you will only be able to recognise something is there if there are embossed parts (fire insurance plaques are still the easiest to find on walls).

Lithographed plaques in good condition are generally those that used to be on display in shops before being taken away and stored in a dry cellar, since humidity soon ruins tin.

Having said this, what advice can we give to new collectors? First of all, it is very difficult to start a collection like this nowadays, since it is getting harder and harder to find lithographed plaques. Plus, when a new find is made, more seasoned collectors inevitably get preferential treatment when it is being sold. Lastly, in some cases the figures involved tend to scare off newcomers.

Nevertheless, the best way to get started is to seek advice from expert collectors, because lots of plaques have been found in large numbers and these people know where there are more to be found. In many instances, these collectors are willing to sell plenty of fine specimens of which they either have more than one in their hands or which they are no longer interested in. The next step is to become acquainted with as many collectors and dealers as possible, particularly unofficial ones. There are plenty of these people around and they have confidential relations with people out in small towns and villages, so it is worth telling them just what you are looking for.

It is also vitally important to go around the old antique markets and fairs, particularly the less familiar ones that are not so popular with other collectors, without of course overlooking the big events. We would recommend those in Nizza Monferrato, Borgo d'Ale, Cherasco in Piedmont, Milan Navigli, Gonzaga and Castelleone in Lombardy, Cortemaggiore and Fontanellato in Emilia, and Piazzola sul Brenta in the Veneto region. Without, of course, forgetting Parma with its two big market fairs and other smaller events in Bagarre and Emporium, where you will find anybody who is anybody in the collectors' world.

There are also specialist shops dealing with advertising. It is worth mentioning the Globe Theatre in Steno Tonelli, Galleria 38 bis in the Center Gross in Bologna, Antonio Niero's shop in Via S. Vitale 51 again in Bologna, Antonio's Bellenda's Image Gallery in Alassio, and Adriano Cena's shop in Varese. There is also a chance of finding lithographed plaques in markets for comic books and other small collector's objects, as well as those for bicycles and motorbikes, since these little fairs are often held in garages and cellars where plaques are sometimes left abandoned in a corner.

Auctions provide a further opportunity for buying plaques, although usually at full price. There is the Bolaffi auction in Italy held twice-a-year.

Before publishing this book, there were striking differences in the values placed on plaques, quite illogical bearing in mind that the value was often set by the people selling them without making the slightest distinction between different plaques and their graphics or the period they come from. A good rule of thumb now that this book has been published is never to buy above value, because this will just inflate a market that has already risen dramatically. The seller then feels he can raise the price with every new piece found, but it is usually better not to buy and keep in line with real market value. Of course this rule does not apply to truly outstanding, rare or coveted pieces: the fact you only come across certain pieces once in a lifetime needs to be borne in mind. The best rule to follow for anybody starting up is to trust your eyes and your gut-feeling, and to keep this guide with you at all times since, although it might not stop you from making mistakes, it will help you make fewer bad calls.

Condizioni e valutazione
Condition and Valuing

Qualunque valutazione relativa a una latta pubblicitaria deve partire dal presupposto che sia interessante dal punto di vista storico e collezionistico.
Una latta in condizioni splendide, ma povera graficamente o dedicata a un tema non particolarmente attraente, non potrà mai avere lo stesso valore di una latta in condizioni meno buone, ma importante e rara.
Ciò premesso, propongo questa classificazione, intesa a semplificare la descrizione dello stato della targa e la comunicazione tra collezionisti.

Nuove o mint:
la targa si presenta così come uscita dal processo di fabbricazione, perfetta sia anteriormente che posteriormente. Dotata della sua vernice finale di finitura, non è possibile rilevare difetti o tracce di ruggine neanche a un esame superficiale.
Appartengono a questa categoria le targhe trovate in qualche fondo di magazzino molte volte separate tra loro anche dalla velina originale, a volte è possibile reperire anche targhe singole in queste condizioni in negozi in cui non siano mai state appese e conservate in luoghi senza tracce di luce e umidità.

Quasi nuove:
le condizioni sono quasi perfette, i colori sono ancora ottimamente conservati, ma a un attento esame si rilevano impercettibili difetti, come lievissime tracce di ruggine, piccoli graffi, piccole piegature o irregolarità. Nel complesso questi piccoli difetti non intaccano in nessun modo la bellezza della targa.

Buone:
latte in cui si rileva una piccola riduzione dell'impatto dei colori, ma tutti i dettagli della targa sono conservati, e a un esame anche a distanza è possibile rilevare delle imperfezioni, graffietti, tracce di ruggine, piccole pieghe, corrosioni. Questi difetti, comunque, non influiscono sulla appetibilità della targa.

Medie:
targhe che hanno avuto un generale decadimento, la superficie è danneggiata, una porzione inferiore al 20% del disegno è compromessa dalla ruggine oppure sono presenti altri danni, ma in parti non fondamentali per la grafica nel suo insieme. Sono le targhe di cui si deve considerare l'acquisto in funzione della loro rarità e appetibilità.

Medio-povere:
il disegno è conservato dal 20 al 50%, si rilevano molta ruggine o parti mancanti o graffi e altri danni importanti, oppure la targa non presenta danni particolari, ma i colori sono gravemente compromessi dando alla targa un aspetto monocromatico Da acquistare solo se a un accurato esame si pensa di gradirle anche in futuro, oppure se estremamente rare come valore documentario, possibilmente a un costo molto basso (meglio se gratis!).

Povere-degradate:
con difetti severi, pesanti corrosioni da ruggine, vaste aree mancanti, scomparsa molto evidente del disegno, praticamente un ricordo di quello che fu. Osservarle per sapere della loro esistenza e poi lasciarle senza rimpianti.

Come abbiamo visto consigliamo, riguardo alle loro condizioni, di acquistare targhe nei primi quattro livelli, poiché sono quelle che nel momento in cui si decidesse di cederle creano meno problemi.
Per quanto riguarda le valutazioni, abbiamo voluto fornire una guida al gio-

It is only worth getting an advertising plaque valued if it is a collector's item of some historical interest. Tin in wonderful condition but with poor or uninteresting graphics will never be as valuable as tin in less good condition but rarer and more important.
Having said that, I propose the following ratings designed to simplify the description of the plaque's condition and help collectors make their assessments.

New or mint condition:
the plaque is just as it was when it was first manufactured, perfect on the front and back. Still with its final coat of paint, it shows no signs of defects or traces of rust even when studied more closely.
This includes plates found in the bottom of some old warehouse, often separated from each other by their original wrapping paper, and sometimes you can even come across individual plaques in this condition in shops where they have never been displayed, just kept in places without a trace of light or humidity.

Almost new:
almost perfect condition, the colours are still excellent, but upon closer inspection imperceptible defects start to appear, such as tiny traces of rust, little scratches, and small bends or irregularities. Generally speaking, these little defects do not in any way affect the plaque's beauty.

Good:
tin plate whose colours have just faded slightly, but all the plaque's details are intact. Examining the plaque even from a distance reveals slight imperfections, scratches, traces of rust, small bends, corrosion. These defects, however, do not make the plaque less of a collector's item.

Average:
plaques showing general signs of wear-and-tear, the surface is damaged, less than 20% of the design is affected by rust or there is other damage but on parts that are not vital for the overall graphics. These plaques ought to be bought for their rarity and charm.

Average-poor:
20-50% of the design is still there, there is lots of rust or missing parts, scratches and other serious damage, or the plaque shows no real sign of damage, but the colours have faded so badly that the plaque looks as though it only has one colour. Only worth buying if, after studying it carefully, you are interested in keeping it in the future or if it is an extremely rare specimen and cheap (better still if it is free!).

Poor-degraded:
with severe defects, serious rusting and corrosion, large missing bits, much of the design is missing, and it is hardly the plaque it used to be. Take a look at them for the record, but then make sure you leave them alone.

As we have seen, as regards their condition, only buy plaques from the first four categories, because it will be a lot less trouble passing them on should you decide you do not want them any more.
As regards valuing, we wanted to provide young collectors with a guide, well aware that we would be cutting out the middle men who buy them for a couple of lira (or rather Euros) and then sell them on for a thousand times more. That is the purpose of this book.
Not everybody agreed with this kind of approach in a book on enamelled plaques, but a publication on such an unfamiliar subject, designed to get lots of new people interested in this kind of collecting, must provide as

vane collezionista, ben consapevoli che così tagliamo un po' le gambe a tutti gli intermediari che comprano a due lire (anzi due euro) e rivendono a mille volte tanto. Lo scopo del presente libro è anche questo.

Molte polemiche ha suscitato questo tipo di scelta proposto nel libro sulle targhe smaltate, ma una pubblicazione dedicata a un settore del collezionismo così poco noto e che spera di avvicinare a esso molte persone nuove, ha il dovere di fornire una guida il più possibile dettagliata sul valore degli oggetti, anche perché i prezzi sono fluttuanti a seconda della appetibilità e della richiesta del mercato.

Attualmente siamo in una fase di consolidamento, per cui i grossi collezionisti sono disposti a pagare cifre importanti per pezzi importanti, mentre i pezzi più comuni sono da considerarsi stabilizzati.

C'è inoltre una estrema variabilità dovuta a quello che potremmo definire "desiderio collezionistico", per cui una persona è disposta a pagare per un pezzo mancante molto più di un altro.

Il valore della targa è inversamente proporzionale al numero di pezzi conosciuti: meno i pezzi sono noti più è alto il loro valore. Ma se per caso vengono poi alla luce altri pezzi, allora il valore ovviamente scende: un classico esempio è la grande targa dei Vini Fini di Canale, molto bella e rara, di cui però, dopo l'alluvione del Monferrato, ne sono apparse alcune centinaia, ovviamente svalutandola.

Alla fine, la miglior regola, che mette al riparo da ogni pentimento, è la seguente: con le opportune basi documentabili, lasciarsi guidare dal cuore e dalle sensazioni che la targa suggerisce.

Il criterio di giudizio è del tutto soggettivo, quindi opinabile e contestabile come in tutte le cose artistiche, ma è stato comunque fornito in base a un'esperienza che supera ormai i quindici anni e al confronto con mercati esteri, come quello francese e tedesco, più avanzati del nostro.

A ogni targa abbiamo apposto un codice di valore così corrispondente:

(A) sino a 150 euro
(B) da 150 a 300 euro
(C) da 300 a 500 euro
(D) da 500 a 1000 euro
(G) da 1000 a 3000 euro
(F) più di 3000 euro

detailed a guide as possible to the value of objects, since prices fluctuate depending on market demand and rarity.

At the moment we are going through a settling-down period, so major collectors are willing to pay a lot for important pieces, while the prices of more ordinary items are more or less stable.

Prices also vary considerably due to what might be described as "collector's desire", meaning that a person will be willing to pay a lot more (than the average collector) for a piece missing from their collection.

The value of a plaque is inversely proportional to the number of specimens known to exist: the less familiar the pieces are, the more valuable they are. But if by chance other pieces happen to be found, then the value obviously drops: a classical example is the large plaque for Vini Fini di Canale, very rare and beautiful, although a few hundred new specimens came to light after the flood in Monferrato, obviously resulting in a fall in their value.

At the end of the day the best guideline for ensuring you do not do anything you will regret is the following: having done the necessary background reading, follow your heart and the sensations the plaque give you.

Judging the value of a plaque is a very subjective thing and hence debatable and challengeable, as with anything artistic. Nevertheless, the valuations here are based on over fifteen years' experience and take into account comparisons with foreign markets, such as those in France and Germany, which are ahead of ours.

Each plaque has been matched with a valuation rating corresponding to:

(A) *up to 150 Euros*
(B) *from 150-300 Euros*
(C) *from 300-500 Euros*
(D) *from 500-1000 Euros*
(E) *from 1000-3000 Euros*
(F) *over 3000 Euros.*

Restauro
Restoration

In qualunque condizione si trovi la targa litografata di cui siamo venuti in possesso, la prima cosa da fare è ripulirla, con acqua leggermente saponata e una spugnetta, dalla polvere più superficiale. A questo punto si possono valutare con attenzione gli interventi successivi. Consideriamo dapprima una latta in cui siano mancanti delle piccole parti o presenti dei buchi nella lamiera. Il primo passaggio è ricostruire con dello stucco metallico le parti mancanti. In alcuni casi si possono mettere delle vere e proprie "pezze" usando materiale recuperato da vecchie scatole anch'esse di latta, ritoccandole in seguito, se necessario, con del colore. Naturalmente questo tipo di accurata riparazione va riservata a piccole mancanze e a tabelle di notevole importanza grafica e storica. Molte volte la latta di cui si viene in possesso presenta parti arrugginite, fenomeni di ossidazione più o meno superficiali. Conviene sempre eliminare la ruggine, che altrimenti agisce nel tempo fino a bucare la lamiera, ma l'operazione è semplice con l'impiego di acido fluoridrico in concentrazioni non superiori al 7% reperibile nei supermercati (in barattolini arancione con vari nomi commerciali, come Abi, Ruginet, Ruginella, Levaruggine) e normalmente usato per togliere le macchie di ruggine dai tessuti. È un acido molto potente, quindi si raccomanda di usare guanti di lattice per proteggere le mani e di eseguire l'operazione all'aria aperta, essendo i vapori irritanti per gli occhi e la mucosa nasale. Dopo aver fatto cadere alcune gocce sulle macchie di ruggine con un lento movimento circolatorio dell'indice, si fa agire l'acido fino alla rimozione della macchia (questo avverrà bene se la macchia o l'alone non hanno intaccato la litografia profondamente, in tal caso si arriverà alla lamiera di base). Dopo aver smosso la ruggine, bisogna asciugare bene con un tessuto di carta. Consigliamo il Tutto Panno Carta, che non si sfilaccia, si lava con acqua e si asciuga di nuovo. Si consiglia sempre di fare una prova in un piccolo angolo, perché, sebbene nel 90% dei casi non ci siano problemi, dal momento che l'acido non intacca la litografia, su certe latte con litografia opache e determinati colori (blu e verde) si può avere un effetto disastroso di decolorazione. In questi casi, l'acido va usato diluito. Con il tempo si imparano a riconoscere immediatamente le targhe a rischio. Una volta completata questa operazione, la targa si presenterà pulita dalla ruggine e dalle ossidazioni, e sgrassata. Sul retro, se la ruggine ha intaccato la lamiera, si consiglia, dopo una spazzolata, di passare un antiruggine tipo Ferox. Dopo aver eseguito questo procedimento, si possono rilevare sulla targa dei piccoli graffi superficiali o delle mancanze della litografia che mettono in evidenza la colorazione argentata della lamiera, disturbando l'effetto visivo d'insieme.

Esiste un procedimento per ossidare e quindi scurire queste parti, creando un aspetto "più vecchio" e quindi di impatto visivo migliore. Basta passare su graffi e mancanze, alcune gocce di Idea Patina 711 della Maimeri, in vendita nei colorifici, e strofinare vigorosamente con cotton fioc fino al brunimento della parte. Una volta pulita e ossidata la latta, si può passare alla lucidatura con pasta abrasiva, in modo da togliere le tracce di sporco e riportare i colori allo splendore originale. Personalmente usiamo un polish che viene usato per lucidare gli ottoni delle barche, la pasta losso, in vendita nei negozi di nautica, che non crea problemi alla litografia. Naturalmente, converrà sempre fare in precedenza una piccola prova, soprattutto per le litografie opache o molto ossidate.

Nel caso la litografia avesse parti che si sfogliano, si consiglia di non usare i prodotti precedenti, ma di spruzzare un fissativo, come per esempio una vernice finale opaca per acrilici tipo la 673 della Maimeri.

Per aree di litografia di una certa mancanza si consiglia di rivolgersi a pittori professionisti, tenendo presente che l'acrilico sulla latta asciuga immediatamente, mentre l'olio impiega più tempo. Infine si raccomanda di non usare mai olii, cere e altri prodotti che solidificano sulla latta, come la gomma lacca, perché rendono vano ogni trattamento successivo: questo purtroppo avviene molto spesso a certi raccoglitori che, per ravvivare i colori spenti, danno numerose passate d'olio che rendono problematici i passaggi descritti in precedenza. Per cui raccomandiamo di avvertire bene i propri raccoglitori di non toccare mai la latta, ma di lasciarla come è stata ritrovata.

Whatever state a lithographed plaque in our possession happens to be in, the first thing to do is to wipe off any surface dust with slightly soapy water and a sponge. We will then be ready to carefully assess what needs to be done. First let us consider a tin with bits missing or holes in it. The first step is to repair the missing bits with some metallic filler. In some cases they can actually be "patched up" using material retrieved from old tins, later touching them up with a bit of colour if need be. Of course this kind of careful repair work is only carried out when small bits are missing or for pieces of considerable graphic and historical importance. Very often the tin you come across has rusty parts, more or less superficial signs of oxidisation. The rust should always be removed, otherwise it will gradually wear through the tin. This is easy enough using hydrofluoric acid in concentrations of no more than 7%, generally on sale in supermarkets (in orange jars marketed under various trade names in Italy, such as Abi, Ruginet, Ruginella, Levaruggine) and normally used to remove rust stains from fabrics.

This is an extremely strong acid, so we advise wearing rubber gloves to protect your hands and working outdoors, since the vapours given off irritate the eyes and nostrils. After applying a few drops to the rust stains in slow circular movements, leave the acid to soak until the stain has gone (this should be easy enough, provided the stain or mark has not penetrated deep into the lithography, in which case it will actually get through to the metal plate). After removing the rust, clean carefully with a paper tissue. We recommend "Tutto Panno Carta", which does not fray and can be washed in water and then dried again.

Always carry out a test on a small corner, because, although in 90% of cases there are no problems, even though the acid will not damage the lithography, certain types of tin with opaque lithographic patterns in certain colours (blue and green) may fade badly. If this is the case, the acid needs to be diluted. With time you learn to instantly recognise which plaques are likely to have problems. Once this operation has been completed, the rust and oxidisation marks will have been removed from the plaque and it will also have been scoured.

If the rust has affected the metal, a rust-remover like Ferox ought to be applied after first brushing the surface.

After carrying out these procedures, there may be small surface scratches or bits of lithography missing from the plaques that reveal the silvery colour of the metal and spoil the way they look. There is a special oxidisation procedure to darken these parts and create an "older" look that is much better. Just apply a few drops of Maimeri's "Idea Patina 711", on sale in hardware stores, to the scratches and missing bits and then rub vigorously with cotton wool until they are burnished. Having cleaned and oxidised the tin, it can then be polished using a rough paste to get rid of any trace of dirt and restore the colours to their former state.

Personally, I use a polish called "losso" on sale in specialist stores designed for polishing the brass on boats, which is also suitable for lithography. Of course it is always advisable to carry out a small test first, particularly in the case of opaque or highly oxidised lithography works.

If bits of the lithography are flaking off, it is advisable not to use the aforementioned products, but rather to spray on a fixative, such as a matt top paint for acrylics like Maimer's "673" product. For missing bits of lithography of a certain size, it is advisable to get the help of an expert painter, bearing in mind that acrylic dries instantly on tin, whereas oil takes longer. Finally, oils, waxes and other products that solidify on tin should never be used, such as rubber lacquer, because they will prevent any other procedures from being carried out: unfortunately this is often the case with collectors who apply lots of coats of oil to try and brighten up dull colours but end up complicating the operations described above. So we strongly advise you to warn your own collectors never to touch the tin and just leave it as it is.

Ringraziamenti
Thanks

Moltissime sono state le persone coinvolte in questa pubblicazione, che senza di loro non sarebbe stata possibile. Desidero ringraziare in particolare:

Franca Rottola, che mi ha dato la spinta decisiva, mi ha aiutato, sopportato e guidato con una dedizione senza pari.

Cesare M. Casati per avere creduto "a scatola chiusa" a questo progetto.

Matteo Casati per avermi aiutato presso le persone giuste dandomi molto più risalto di quanto meriti.

Marco Gubian e Gisella Motta per le cene saltate, l'impareggiabile bravura a fotografare e la loro disponibilità.

Renata Rigoni, per la pazienza nel provare le mie richieste grafiche e soprattutto per come alla fine sono state realizzate.

Maria Rita Leidi per la correzione delle bozze e l'instancabile assistenza e pazienza.

Michele Gabbani per i preziosi suggerimenti, le critiche costruttive e i dileggi divertenti, per i progetti realizzati e per quelli futuri, e perché comunque è tutto un gioco!

Rosario Di Bella, quando l'amicizia sfoga nell'abnegazione, antico compagno di chiacchierate telefoniche, appassionato ed estroso cultore.

Valentino Bellaio che ha diffuso con la sua passione e le sue capacità questo collezionismo, l'unico che dopo anni si rivolge a me con il Lei, nonostante l'abbia scongiurato da sempre di non farlo!

Marco Rota, fratello separato alla nascita e ritrovato, per la comunione delle passioni, la sana e reciproca invidia e per deliziare i miei occhi con una collezione tra le più belle mai viste.

Francesco Giovangrandi, un principe della ricerca oltre a essere un grande e indispensabile amico.

Adriano Cena, grande collezionista e maestro di vita, estro, genio e sregolatezza, assolutamente un grande.

Ivano Lanzi perché molto prima di me ha capito la bellezza di certe cose e sempre si è messo a disposizione per ogni mia richiesta.

Giuliano Maghenzani un amico vero, al di là del collezionismo.

Alessandro Argelli che anche se non sembra, distingue benissimo tra bello e sciupato.

Gianpaolo Perrino per il suo insuperabile buongusto, per tutte le cose che mi ha fatto apprezzare e conoscere.

Marco Zanasi per tutti i consigli.

Renzo Zaltron per disponibilita'e passione vera.

Danilo Alasia perché è una delle persone più piacevoli che si può incontrare.

Aris Dottorini perché è sempre stato un "po' più avanti".

Camillo Camera per la sua grande gentilezza.

Fabio Foroni per aver dato un impulso decisivo a questo collezionismo.

Marco Zenaro per le sue "teorie".

Michele Airoldi per lo splendido libro realizzato sulle birrerie storiche.

Roberto Minghelli per la sua gentilezza e disponibilità ad accogliere le mie richieste.

Daniela e Francesca Princi senz'altro i più puri tra i ricercatori e collezionisti.

Antonio Travisonni per tutto quello che mi ha dato e soprattutto per quello che non mi ha dato ma che forse un giorno...

Quintino Bucceri per la capacità di trovare in posti impossibili e per la sua grande ospitalità.

Germano Pucci perché è un piacere confrontarsi con la sua collezione.

Carlo Tranchina per la sua coinvolgente e travolgente passione per queste cose.

Ennio e Adriana Lusso perché sono sempre divertenti anche quando vendono.

Enzo ed Emanuele Framorando, perché nonostante l'amicizia, hanno sempre il dubbio di rimetterci.

Alessandro Pagliari per aver rinunciato all'irrinunciabile.

Renato Serena per alcuni pezzi «leggendari» ritrovati e per il rispetto che ha sempre avuto.

Pietro e M. Antonietta Granelli l'esempio di come il collezionismo possa essere completamente condiviso in coppia.

Steno Tonelli che mi ha reso felice più di una volta, rinunciando a delle cose che ad altri non avrebbe mai dato; andarlo a trovare è un piacere per gli occhi, da lui l'impossibile diventa realizzabile.

Vittorio Ragonesi il primo in assoluto ad aprire una nuova via collezionistica.

Giordano Dal Prato per la sensibilità, l'abilità e la fortuna che ha sempre avuto, un vero ipnotizzatore per noi malati compulsivi.

Antonio Niero, vera fonte di informazioni precise e dettagliate, un riferimento per tutti quelli che amano questi oggetti.

Adriana Chiari che mi ha accompagnato da sempre nel creare tutto questo.

Rodolfo perché tutto questo non avrebbe senso se non ci fosse lui, vera luce dei miei occhi e della mia vita.

Lots of people where involved in the publication of this book, without whom it would never have been possible. In particular my thanks go to:

***Franca Rottola**, who gave me vital encouragement, and helped, supported and guided me with incomparable dedication.*

***Cesare M. Casati**, for his "blind" faith in this project.*

***Matteo Casati**, for helping me out with the right people, attracting more attention to me than I deserve.*

***Marco Gubian and Gisella Motta**, for all the meals they missed, their incomparable photographic skills and general availability.*

***Renata Rigoni**, for her patience in testing out my graphics requirements and, above all, for how they turned out in the end.*

***Maria Rita Leidi**, for her proofreading and tireless help and patience.*

***Michele Gabbani**, for his vital suggestions, constructive criticism and playful mockery, for the projects he has completed and those waiting to be carried out, and because in the end it is just a game!*

***Rosario Di Bella**, whose friendship has flowed over into self-sacrifice, an old friend I have spent so much time chatting to on the phone, and a keen and imaginative expert.*

***Valentino Bellaio**, whose passion and skills have made collecting even more popular, and who is still so formal when he speaks to me, regardless of my endless pleas to the contrary!*

***Marco Rota**, a brother I was separated from at birth and then met again, due to our shared passions, healthy, mutual envy, and the fact he has one of the most beautiful collections I have ever seen.*

***Francesco Giovangrandi**, a master researcher as well as a trusted friend.*

***Adriano Cena**, a great collector and guru, imaginative, brilliant if a little unpredictable, a truly wonderful person.*

***Ivano Lanzi**, because he realised before me how beautiful certain things are and has always be willing to second my every whim.*

***Giuliano Maghenzani**, a real friend, regardless of collecting.*

***Alessandro Argelli**, who, despite appearances to the contrary, does know how to distinguish between the beautiful and shoddy.*

***Gianpaolo Perrino**, for his incomparable good taste, for everything he has taught me to enjoy and understand.*

***Marco Zanasi**, for all his advice.*

***Renzo Zaltron**, for being so enthusiastic and helpful.*

***Danilo Alasia**, because he is one of the nicest people you could ever meet.*

***Aris Dottorini**, because he has always been "one step ahead".*

***Camillo Camera**, for his great kindness.*

***Fabio Foroni**, for his decisive input to collecting.*

***Marco Zenaro**, for his "theories"*

***Michele Airoldi**, for his wonderful book on old breweries.*

***Roberto Minghelli**, for the kind and willing way he has helped me out.*

***Daniela and Francesca Princi**, undoubtedly the purest of researchers and collectors.*

***Antonio Travisonni**, for everything he has done for me and, above all, for what he has not done for me yet but one day perhaps...*

***Quintino Bucceri**, for the way he find things in the most unthinkable places and his great hospitality.*

***Germano Pucci**, because it is simply delightful to see his collection.*

***Carlo Tranchina**, for his overwhelming and contagious interest in these matters.*

***Ennio and Adriana Lusso**, because they are always fun, even when they are selling.*

***Enzo and Emanuele Framorando**, because, despite our friendship, they are always worried they might be losing out.*

***Alessandro Pagliari**, for giving up everything he could possibly give up.*

***Renato Serena**, for some "legendary" pieces he found and the respect he has always shown.*

***Pietro and M. Antonietta Granelli**, an example of how a couple can really enjoy collecting together.*

***Steno Tonelli**, who has made me happy on more than one occasion by giving up things he would not have left to anybody else; it is always a pleasure to go and see him, he can make the impossible come true.*

***Vittorio Ragonesi**, the very first to adopt a new approach to collecting.*

***Giordano Dal Prato**, for the attentiveness, ability and luck he has always had, forever exerting a sort of hypnotic influence over obsessive people like us.*

***Antonio Niero**, a real mine of precise and detailed information, a real benchmark for everybody who loves these objects.*

***Adriana Chiari**, who has always been by my side during the creative process.*

***Rodolfo**, because all this would be meaningless without him, the real apple of my eye and my life.*

Bibliografia
Bibliography

F. Ghozland, *Un siècle de réclames alimentaires*, Milan, 1985
L. Vernay, F. Ghozland, *Histoires des boîtes*, Shirine, 1998
D. Congdon Martin, *America for sale*, Shiffer, 1991
P Courault, C. Lorin, *Toles story et pub*, Ouest, 2004
R. Opie, *Advertising tins*, Miller's, 1999
P. Delbello, *Nei dintorni di Dudovich*, Modiano, 2002
G. Sgubbi, *L'arte di latta*, Ed. della Laguna, 1986
D. Cimorelli, *Latta!*, Silvana, 1999
N. Venturini, *Le bevande immaginate*, Agra, 1998
C. Zagrodzki, *Les affiches*, Ed. Alternatives, 1997
A. Weill, *L'affiche dans le monde*, Somogy, 1984
U. Feuerhost, *Die bunte verfuhrung*, Silberstreif Verlag, 1985
A. Gazzoni, *Vendere, vendere, vendere*, Mondadori, 1928
AAVV, *Le infinite applicazioni della latta*, Bertarelli, 1932
M. Gusmeroli, *La pubblicità smaltata in Italia*, Gilena, 1997
C. Baglee, A.H. Morley, *Street Jewellery*, New Cavendish Books, 1978
P. Sparti, *L'Italia che cambia*, Artificio, 1989
A. Abruzzese, *Lumi di progresso*, Canova 1996
L. Menegazzi, *Il manifesto italiano*, Mondatori Arte, 1989
C. Weill, F. Bertin, *Cartons de Pub*, Ed. Ouest, 2000
G.L. Falabrino, *Effimera e bella*, Guttemberg 2000, 1999
N.M. Clark, *The tin can book*, Free communications, 1997
M. Alberini, *Figurine*, Mursia, 1989
R. Opie, *Sweet memories*, Pavillon books, 1988
AA.VV., *Sogni di latta*, Electa, 1990
M. Bocca, M. Governato, *Pubblicità in cartolina a Torino, 1900-1950*, Ed. del Del Capricorno, 1987
AA.VV., *Storia della comunicazione lombarda*, 1900-1945, Silvana, 1997
Gonizzi, *Anni di latta*, Ed. Fiere di Parma, 1995
Esposizioni riunite di Milano, 1984
Scena Illustrata, 1905

Biografia
Biography

Marco Gusmeroli nasce a Varese nel 1958, si laurea in Medicina il 7 luglio 1983 e si dedica alla professione di medico oculista.
Nel tempo libero comincia a occuparsi di materiale pubblicitario di ogni tipo, di cui diventa, soprattutto dopo la pubblicazione del primo libro *La pubblicità smaltata in Italia 1900-1970*, un punto di riferimento indispensabile nel panorama collezionistico italiano.
Numerose le sue collaborazioni a testi, articoli e pubblicazioni varie in questo campo. In particolare si distingue per essere stato curatore, insieme all'amico Gabbani, dell'enciclopedia della targa pubblicitaria per la Hachette.
La sua collezione comprende quasi 5000 pezzi, tutti di altissima qualità ed elevato valore collezionistico, ed è in continua espansione. Questo libro, ancora una volta, è la prima pubblicazione del genere in Italia.

Marco Gusmeroli was born in Varese in 1958. He graduated in medicine on 7th July 1983 and began his career as an eye specialist.
In his spare time he developed an interest in all kinds of advertising material and, notably after the publication of his first book, La pubblicità smaltata in Italia 1900-1970, *he became a key figure on the Italian collecting scene.*
He has contributed to plenty of texts, articles and miscellaneous publications in this field. Most significantly, he and his friend Gabbani were asked to edit Hachette's encyclopaedia of advertising plaques.
He has a collection of almost 5000 pieces, all of the highest quality and value to collectors, and it is increasing all the time. Once again, this book is the first publication of its kind in Italy.